KENSHIRO
NIWA

信号機の世界

丹羽拳士朗

イカロス出版

CONTENTS

COLUMN

本書の内容は2024（令和6）年6月25日現在のものです。
取材後に更新・変更等がされている場合があります。ご了承ください。
信号機の撮影には、周囲の交通等の安全に十分注意して行ってください。

INTRODUCTION

はじめに
信号機に魅了された私の自己紹介

街を歩いていれば必ずといっていいほど目にする信号機。しかし多くの人は信号機に対して、何の興味もないどころか、むしろ赤信号で停止を余儀なくされることで、どちらかというとマイナスの感情を抱いて見ている場合がほとんどではないだろうか。

私は物心が付いた4歳の頃から信号機を見るのが大好きだった。その原点は元々もっと幼い頃から蛍光灯や街灯など光るものが大好きだったことと、色が交じったアクセサリーやビーズなどをきれいに色分けすることがとにかく好きだったことにある。それがやがて融合し、青↓黄↓赤と整然と動作する信号機に魅了されるようになった。

小学5年生頃にデジタルカメラを使い始めて、自転車や電車を使いながら珍しい信号機を見つける旅に出るようになった。小学6年生の冬にはホームページ「Let's enjoy signal!!」を開設、自分が撮影した信号機の写真をホームページで紹介し、発信した。このホームページは現在でも運営を続けており、2023（令和5）年に開設15周年を迎えた。

　中学1年生の2019（平成31）年1月には初めて飛行機で北海道外へ出て、東京都で信号機撮影を行った。そのときは北海道では見たことのない信号機が盛りだくさんで、人生で一番感動したのをよく覚えている。大学入学後は珍しい信号機を求めて全国各地に信号機撮影の遠征に出て、2017（平成29）年9月の沖縄県での信号機撮影で、全47都道府県での撮影を行ったことになった。なるべく旅費を削減し、頻繁に信号機撮影の遠征ができるよう、基本的に宿泊はネットカフェ、飛行機はLCCを利用している。

　北海道在住ということもあり、これまでに飛行機に212回搭乗、新幹線に122回、夜行バスに34回乗車し、ネットカフェに198泊。また47都道府県、491市165町14村（22の特別区）で信号機を撮影済みで、北海道外への遠征を125回行っている（すべて2023年11月末現在）。信号機撮影の遠征に出かける際は、昼間は時間がもったいないため食事はコンビニのおにぎりやパンを食べる程度で、基本的に観光は一切行わない。そのため、全国各地をまわっているにも関わらず、観光名所やグルメの知識はほとんどなし。最近は新しいLED信号機への更新が激しく、古い信号機や珍しい信号機がかなりの勢いで減少しているが、撮影したい信号機を逃さないよう必死で追いかけ続けている。

　よく「信号機の楽しさは？」と聞かれるが、そのひとつに挙げられるのは種類の豊富さである。細かい分類を入れると1500種類以上あり、中には特定の県でしか見られないものや、特殊な形状の交差点に合うように工夫された信号機など、各地にレアな信号機が設置されている。それを見つけに行くのが宝探しのようで楽しい。

　信号機を趣味として活動している人は数千人程度いるようではあるものの、やはり珍しいこともあり、テレビやラジオ番組の出演依頼を受けることがある。今までにテレビに15回、ラジオに7回出演し、5回新聞で取り上げていただいている。特にテレビ番組では「マツコの知らない世界」や「タモリ倶楽部」に出演させていただき、特に「タモリ倶楽部」では自分が応援しているアイドルのＡＫＢ48（当時）の柏木由紀さんにお会いできたのが大変嬉しかった。

信号機を通じて、さまざまな出合いと発見を経験させていただいた。本書にて、皆さんと信号機の間にも新たな出合いが生まれれば幸いである。

2024（令和6）年6月
丹羽拳士朗

北海道ではなじみ深い
縦の樹脂丸型信号機
（日本信号製）と共に

Chapter

1章

信号機のキホン

まずは信号機のキホンから見ていこう。普段、特段の意識をせずに見ているからこそ、灯火の意味、各部位の名称、信号機の材質、青・黄・赤と光る部分のレンズの色など、意外な発見があるはずだ。そして、これらの意味が分かるから、組み合わせによって信号機を「面白い」と感じられるのである。

信号機の灯火の意味

まずは基本中の基本、信号機の灯火の意味について。皆さんご存じのことではあるが、道路交通法施行令により定められている条文（抄録）から見ていきたい。

青灯火

AOTOUKA

写真1　青灯火

「歩行者は進行可。車両及び路面電車は直進、左折、右折ができる。」（写真1）

黄灯火

KITOUKA

写真2 黄灯火

「歩行者は横断を始めてはならず、道路を横断している歩行者等は、速やかに、その横断を終わるか、又は横断をやめて引き返さなければならないこと。車両及び路面電車は停止位置を越えて進行してはならないこと。ただし、黄色の灯火の信号が表示された時において当該停止位置に近接しているため安全に停止することができない場合を除く。」（写真2）

赤灯火

AKATOUKA

写真3　赤灯火

「歩行者等は、道路を横断してはならないこと。車両等は、停止位置を越えて進行してはならないこと。交差点において既に左折している車両、右折している車両等は、そのまま進行することができること。この場合において、当該車両等は、青色の灯火により進行することができることとされている車両等の進行妨害をしてはならない。（交差点において既に右折している多通行帯道路等通行一般原動機付自転車、特定小型原動機付自転車及び軽車両は、その右折している地点において停止しなければならないこと。）」（写真3）

人の形の記号を有する青色の灯火

「歩行者等は進行することができる。特例特定小型原動機付自転車及び普通自転車は、横断歩道において直進をし、又は左折することができること。」（写真4）

写真4　人の形の記号を有する青色の灯火

人の形の記号を有する青色の灯火の点滅

「歩行者等は、道路の横断を始めてはならず、また、道路を横断している歩行者等は、速やかに、その横断を終わるか、又は横断をやめて引き返さなければならないこと。横断歩道を進行しようとする特例特定小型原動機付自転車及び普通自転車は、道路の横断を始めてはならないこと。」（写真4の点滅）

写真5　人の形の記号を有する赤色の灯火

人の形の記号を有する赤色の灯火

「歩行者等は、道路を横断してはならないこと。横断歩道を進行しようとする特例特定小型原動機付自転車及び普通自転車は、道路の横断を始めてはならないこと。」（写真5）

青色の灯火の矢印

「車両は、黄色の灯火又は赤色の灯火の信号にかかわらず、矢印の方向に進行することができること。」（写真6）

写真6　青色の灯火の矢印

黄色の灯火の矢印

「路面電車は、黄色の灯火又は赤色の灯火の信号にかかわらず、矢印の方向に進行することができること。※歩行者や通常の車両は従ってはいけない」（写真7）

写真7　黄色の灯火の矢印

黄色の灯火の点滅

「歩行者等及び車両等は、他の交通に注意して進行することができること。」（写真2の点滅）

写真8　写真2と同じ黄色の灯火だが、点滅を繰り返す

赤色の灯火の点滅

「歩行者等は、他の交通に注意して進行することができること。車両等は、停止位置において一時停止しなければならないこと。」（写真3の点滅）

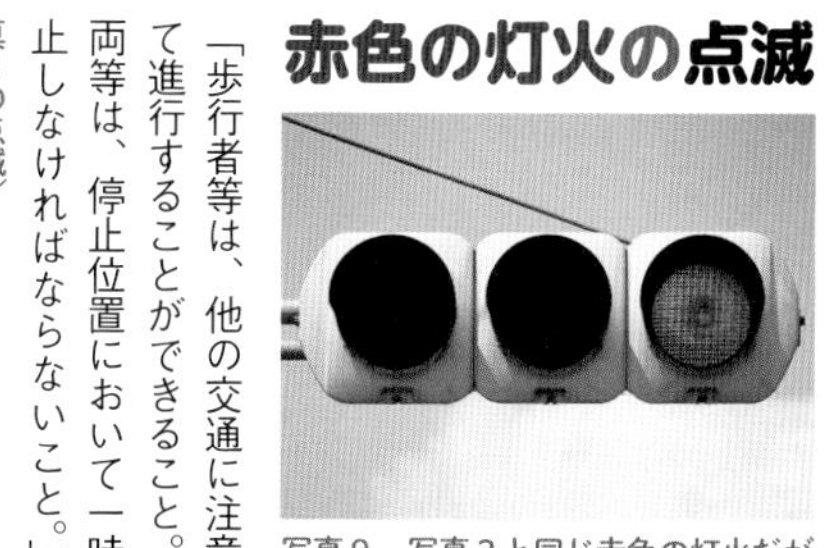

写真9　写真3と同じ赤色の灯火だが、点滅を繰り返す

信号機の各部位の名称

信号機前面

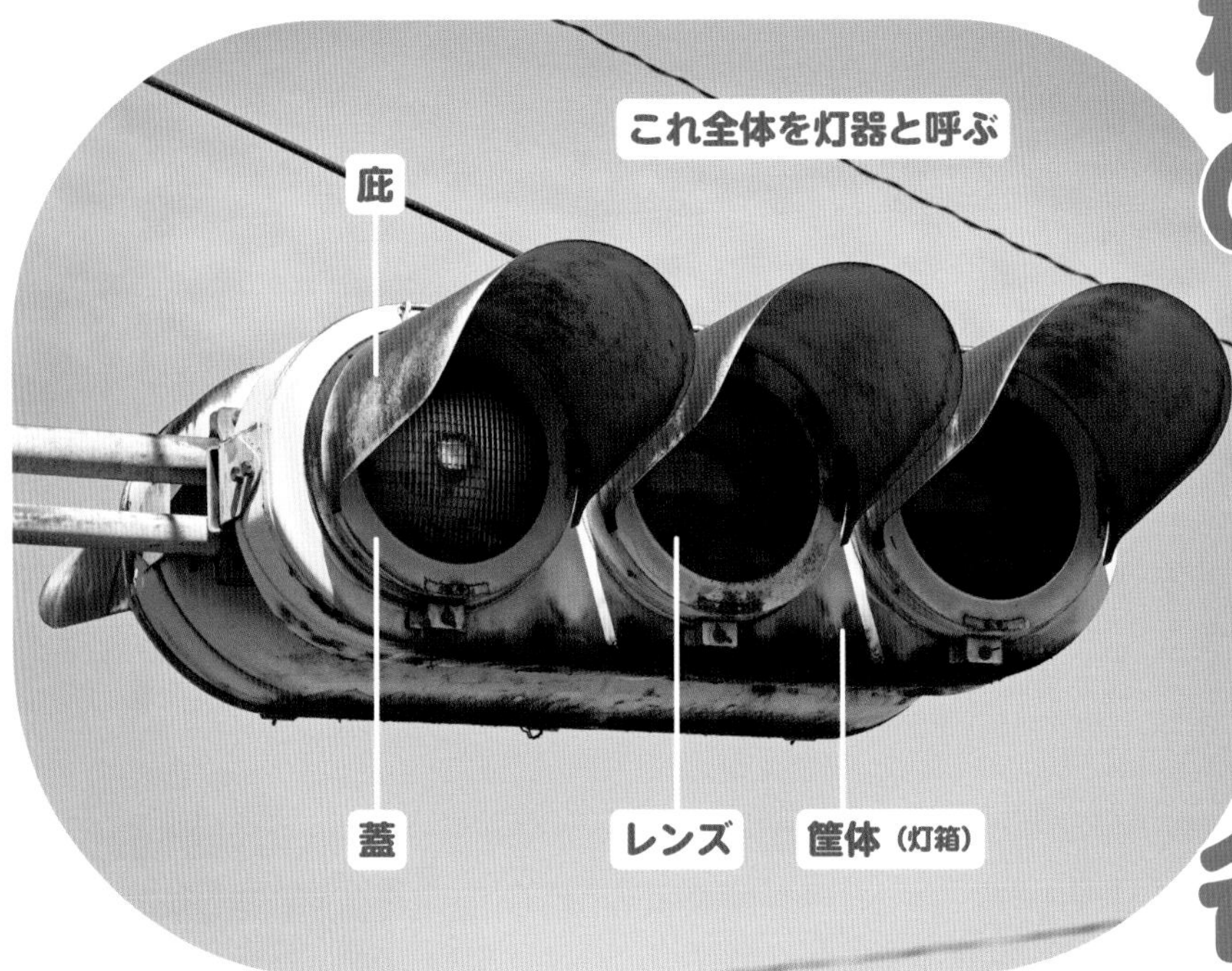

灯器

信号機の一式（要するに光る部分全体）を灯器と呼ぶ。

筐体（きょうたい）（灯箱）

信号機のいわゆる光る部分のまわりの、金属ないし樹脂やFRPでできた〝がわ〟の部分のこと。

レンズ

信号機の光る部分のことで通常車両用ならば円形、歩行者用ならば正方形の形となっている。電球式ならばその光るべき色（青・黄・赤）となっており、LED式の場合は透明か灰色がかった色になっている。

蓋（ふた）

レンズ部を開けるときのためのもの。電球式信号機の場合、電球交換の際にここを開閉する。筐体前面ではなく背面が開く灯器もある。

庇（ひさし）（フード）

レンズ部に付いている日よけの役割を果たすもの。メーカーによって形や長さが違い、特徴が出る。LEDになりこの役割は薄れ、最近はこの庇がない、いわゆる〝低コスト型〟の信号機が主流になりつつある。

信号機背面

銘板（プレート）

通常、筐体の背面に付いており、メーカー・製造年月・形式などが記載されていて、その信号機の情報を教えてくれる。

信号機周辺

アーム

灯器を設置する際、電柱（信号柱）と灯器を接続する金属の支持棒のこと。通常2本が主流だが、1本で設置している場合もある。

信号機の材質

信号機の材質は大きく分けて金属製、樹脂製、FRP製の３種類（鉄、アルミ、樹脂、FRPの４種類とも）がある。

写真10　金属製（鉄製）

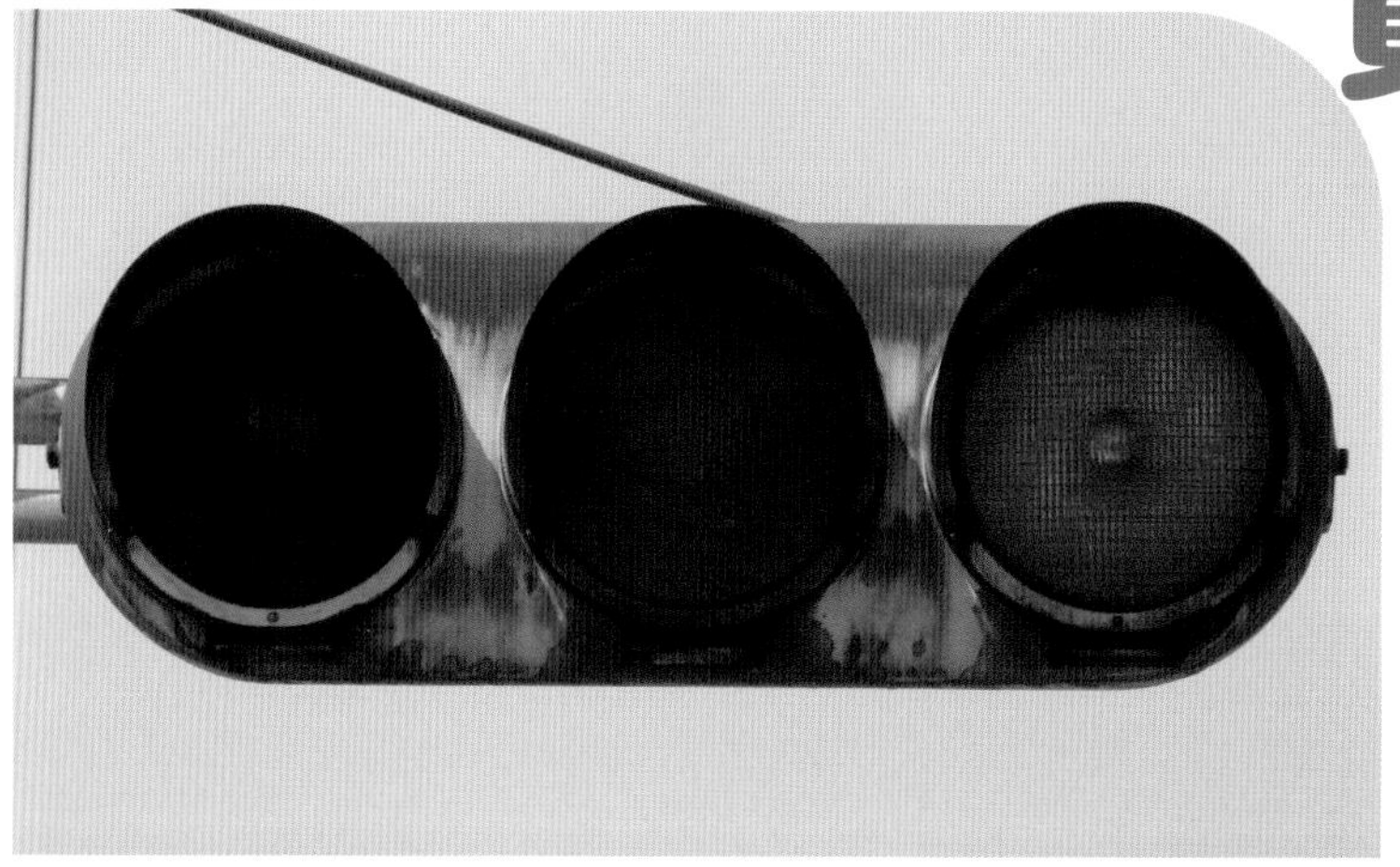

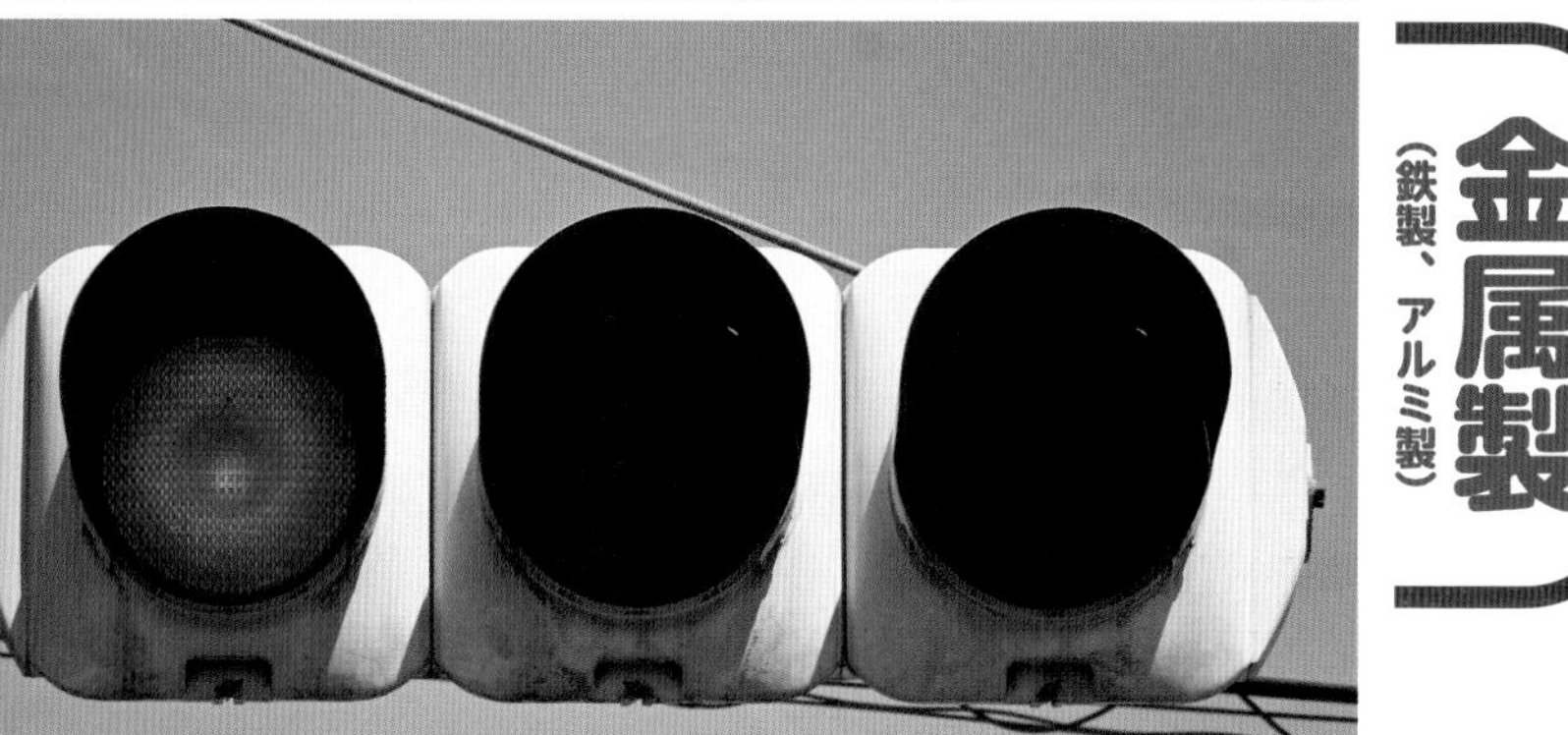

写真11　金属製（アルミ製）

金属製（鉄製、アルミ製）

鉄は古くから信号機に使われている材質で、平成一桁台にアルミ製の信号機が登場するまでは多くは鉄製だったため、古い信号機には錆（さび）が著しく進行しているものも多い。鉄製のものもアルミ製のものも、現在全国に幅広くある。

鉄製に関しては特に沿岸部では錆の進行が塩害によりひどくなるため、後述の樹脂製を採用する県もあったようだ（徳島県、愛知県など）。ただ昭和40年代頃までは金属製（鉄製）か、後述のＦＲＰ製の2種しかなかったようで、沿岸部の県においても金属製（鉄製）が採用されていた（写真10）。

平成に入ってから設置されたアルミ製の信号機は、全国的にもすぐ普及した。錆びることがなく、軽量であるため信号機の筐体の材料としては優れている。現在製造されているＬＥＤ信号機も基本的にはアルミ製である（写真11）。

樹脂製

写真12　樹脂製

昭和40年代末期から設置され始めたポリカーボネイト製の信号機を指す。前述の通り、それまでメインで設置されていた金属製（鉄製）は錆びやすく沿岸部の設置に向かないこともあり、この材質の信号機を積極的に採用した県も多かった（北海道、青森県、愛知県、兵庫県、徳島県等）。

錆びないことがウリだが、経年劣化で灯器が黄色っぽく変色する。また緑や茶色など景観に合わせた色に塗装した際は剥げやすい、金属製灯器に比べ庇などが割れやすいといったデメリットもある。

1976（昭和51）年頃に登場し、三協高分子というメーカーが製造している。多くの県で平成一桁年まで設置されていたが、北海道など一部では平成二桁年に入ってからも設置が続いていた（写真12）。

FRP製

写真13　FRP製。劣化してくると写真下の庇のように毛羽立ってくるのがFRP製の特徴

非常に少数派の材質の信号機で、全国的に普及した樹脂製の信号機が登場する前の昭和40年代から既にあった材質のもの（いつ頃登場したか詳細不明）。こちらも樹脂製と同じく特性としては錆びないことが挙げられる。また樹脂製のように黄色っぽく変色することはなく、古いヴィンテージものであってもきれいな白色で残存している。

形自体は金属製（鉄製）の信号機に近いものとなっているが、特に日本信号製・京三製作所製のFRP灯器は庇が毛羽立っていることで見分けがつきやすい。採用された場所は限られていて、かつては東京都にあったほか、千葉県や徳島県などでも多く見られたが、現在は数が激減している。（写真13）

車両用信号機のレンズ径

歩行者用のレンズは1辺250㎜の正方形ですべて共通だが、車両用は直径が200㎜、250㎜、300㎜、450㎜の4種類の大きさがある。

写真14　200㎜の古い角型の信号機

200㎜

直径200㎜のものは現在は設置されておらず、昭和40年代頃に狭い路地等を中心に設置されていたようだ（写真14）。現在、公道ではほとんど撤去されてしまい、自転車用の縦型信号機など、特別な場合を除いてほとんど見かけない。

250㎜

250㎜のものは次に紹介する300㎜と合わせて、日本全国で設置されているサイズの一つ。300㎜のサイズの信号機が登場する昭和40年代以前はこのサイズが主流であった。1969（昭和44）年頃になって次項の300㎜サイズのものが登場しても、片側1車線の路地などを中心に数多く設置された（写真15）。

写真15　250㎜の電球式の信号機

2000（平成12）年頃から全国的にまったく設置されなくなったが、2017（平成29）年度に警察庁が250㎜でも視認性が十分に確保できるとしたことから、コスト削減の観点から、標準仕様を300㎜から250㎜に変更し、LEDの素子を減らし、灯器のサイズも小さくしたもの（通称・低コスト信号機）が登場した。現在では東京都やほかの道府県の一部の交差点を除き、250㎜の低コスト信号機が新たな主流となって設置されている（写真16）。

写真16　250㎜の通称・低コスト信号機

写真17　300㎜の信号機

300㎜

300㎜のものは昭和40年代前半に登場した、現在おそらく一番多く目にするサイズの信号機である(写真17)。全国の交差点、特に広い道路や主要道路向けの信号機の多くはこのサイズのものが設置されている。長らくメインとして設置され、2000(平成12)年以降はしばらく、ほぼこのサイズの信号機しか設置されなくなった時代もあった。

現在も、低コストタイプ以外のLED信号機は基本的にほとんどがこのサイズである。前述の通り、低コスト信号機が登場してからは東京都やほかの道府県の一部を除きあまり設置されなくなった。

450㎜

450㎜のものは広く大きな交差点などで、電球式信号機を採用していた時代に一部設置されていたサイズ。非常に大きなレンズで、実際目にすると迫力があって驚く(写真18)。

一部の県でしか採用されず、以前は岐阜県で大量に設置されていたほか、大阪府、長野県、福島県、群馬県などで積極的に採用されたが、現在ではLED信号機の視認性が良いこともあって更新が進み、全国でもわずかしか残っていない。材質はFRP製で、大きいサイズであることから軽量化を図っているものと思われる。

写真18　450㎜の信号機

COLUMN

信号機撮影はスポーツだ！

運動神経や反射神経が絶望的な筆者は、車の運転が苦手で免許を取ったのは大学3年生の冬だった。大学1年生から全国各地の信号機撮影へ積極的にまわり始め、免許を取る前は専ら飛行機・鉄道・バスなどの公共交通機関＋自転車か徒歩であった。

基本的に鉄道やバスなどをケチることはしないので、できる限り使える公共交通機関はすべて使うのだが、そもそも珍しい信号機のために公共交通機関が用意されているわけがない。駅から遠く、バスもほとんど走っていない交差点もよくある。

交通が便利な地域であっても、時間が許す限りたくさんの信号機を撮影したいので、1カ所あたり歩く距離が1kmだとしても、30カ所行けば当然30kmになる。そのため、信号機撮影に1週間出かけて、累計で10 0km以上歩くこともあった。

また、少しでも多くの珍しい信号機を見たいため、旅程を立てるときに走ることを大前提にしている場合が多い。特に地方での探索の場合、公共交通機関の便数が少ないため、逃したら数時間待ちとなり、ほかに回る時間が恐ろしく削られることは分かっているのだが、撮影に夢中になると時間が経ってしまい、駅まで猛ダッシュせざるを得ないことが常になっている。

過去には山形県酒田市にて7kmを45分程度で走ったこともあり、筆者の中では信号機撮影はスポーツと捉えている。

Chapter

2章

信号機のメーカーと歴史

信号機は法令で定められた仕様に沿って作られているが、設計はメーカーに委ねられているので、会社によって違いが生じている。また、筐体の素材は鉄、樹脂、FRP、アルミと進化し、灯火も電球からLEDに変化してきている。本章では、変化する仕様と、メーカーによる特徴の違いを解説していく。

灯器の種類とメーカーの特徴

信号機のメーカー

ここでは信号機が現在とおおよそ同じ形態となった、昭和30年代以降の信号機について紹介し、それ以前のものについては割愛する。

現在、信号機の灯器を製造しているメーカーはコイト電工（1968〈昭和43〉年までは小糸製作所、68〜2010〈平成22〉年は小糸工業）、日本信号、信号電材、三協高分子の4社である。

その他、京三製作所、星和電機、オムロンソーシアルソリューションズの各社が信号電材から筐体を調達し、銘板をそれぞれの会社名で記載したものが設置されている。このうち京三製作所は古くから信号機を製造する大手メーカーの一つだったが、2017（平成29）年に残念ながら自社製造を中止している。

それでは信号機の灯器の大まかな歴史を見ていく。なお、各名称は趣味的な分類での呼称であって、正式な名称ではない。また、本来は細かい移り変わりがたくさんあるが、詳細は割愛する。

車両用の信号機

❶ 角型信号機（〜1978〈昭和53〉年頃）

現在と同じ信号機の形態となって、最初に登場したモデルが角型信号機である。当時は小糸製作所（小糸工業）（写真1）、日本信号（写真2）、京三製作所（写真3）の3社が大手メーカーとして灯器を製造していた。

この角型信号機は主に昭和40年代終わり頃までは全国各地で設置されていたが、昭和50年代に入ると次項で紹介する金属製の丸型信号機に移行し、東京都など一部を除いて設置

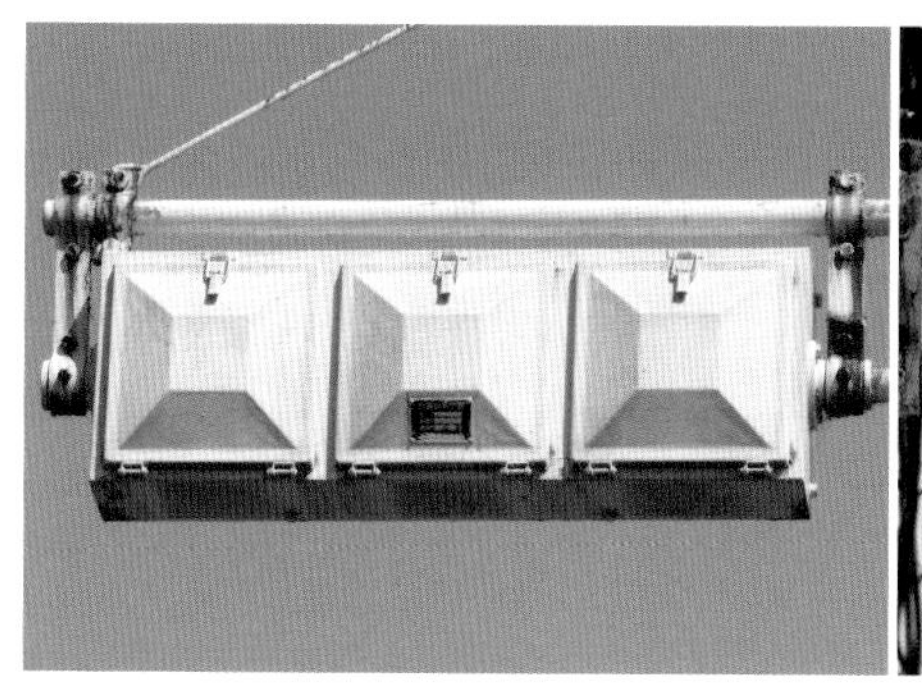

されなくなっていった（東京都では1978〈昭和53〉年まで設置された）。

この信号機は、その名の通り筐体が四角張っているのが特徴で、当時は両面一体型となった灯器も存在した（写真4）。2024（令和6）年現在では、昭和40年代の信号機自体がLED信号機への更新によりほとんど見ることができなくなっており、非常に貴重なヴィンテージものとして、この角型信号機が残っている場所を多くの信号機マニアが訪れている。今残っているのは静岡県や千葉県などのわずかな交差点であり、両面一体型の信号機は1灯式のものしか残っていない。

レンズ径は200㎜、250㎜、300㎜が存在し、多くは250㎜のものだが、かつては大きな通りを中心に300㎜のものも設置されていた（300㎜の登場は1969〈昭和44〉年頃）。200㎜の角型信号機は細い路地向けに設置されることが多かったが、この大きさのレンズを使った信号機は基本的に角型信号機のみで、後代の信号機では特殊な場合を除いて設置されていない。なお、この頃に掲載する写真はすべて250㎜のものである。

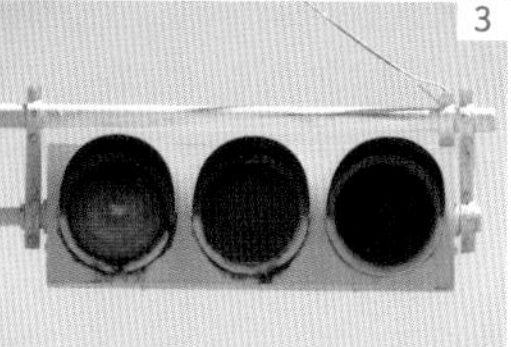

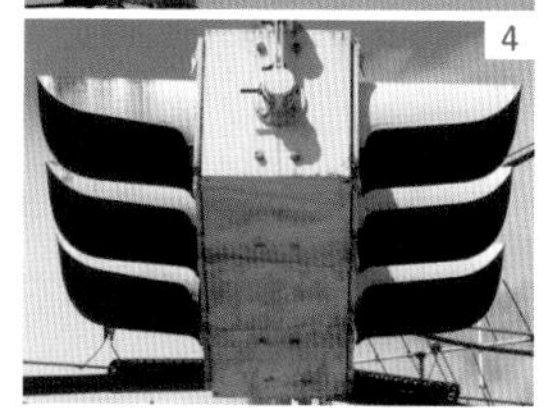

写真1　小糸工業の角型信号機

写真2　日本信号の角型信号機

写真3　京三製作所の角型信号機

写真4　両面一体型の角型信号機（小糸工業製）

❷ 初期の丸型信号機（鉄製）（1971〜78〈昭和46〜53〉年頃）

角型の次に登場するのが丸型の信号機である。この世代になるとレンズ径が200㎜のものや両面一体型のものはない。大阪府など丸型の導入が早かったところでは、昭和40年代後半には❶の角型信号機から❷の丸型信号機に移行していった。

この世代は小糸工業、日本信号、京三製作所の各社がそれぞれ独特な形の信号機を製造しており、特に小糸工業が特徴的である。1975（昭和50）年頃までの形状は、アームが灯器上部に突き刺さったような形で設置されていることから「包丁」と通称されている（写真5）。1975（昭和50）年以降は今に近い形で灯器が設置されるようになった。

また日本信号製の灯器は1975（昭和50）年頃まで300㎜、250㎜共に、庇がレンズを非常に深く覆うタイプとなっていた（写真6）。その後、1978（昭和53）年頃までは筐体の形はそのままで、庇が浅いものとなった。

京三製の灯器は1972（昭和47）年頃から78（昭和53）年（ごく一部は1985〈昭和60〉年製の新しいものもある）頃までは、通称「宇宙人型」と呼ばれる灯器が製造された（写真7）。筐体が小さく、レンズが目のように見える形が、映画『トイ・ストーリー』の「リトル・グリーン・メン」を思わせる見た目から、このあだ名が付けられた。庇はくちばしのような形をしている。

2024（令和6）年現在、この世代の灯器はかなり減少しており、一般にヴィンテージものに分類される。既に絶滅したところもあるが、大阪府や兵庫県などまだ比較的多く残っているところもある。

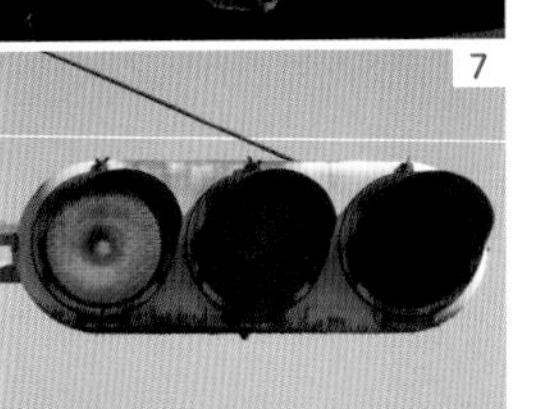

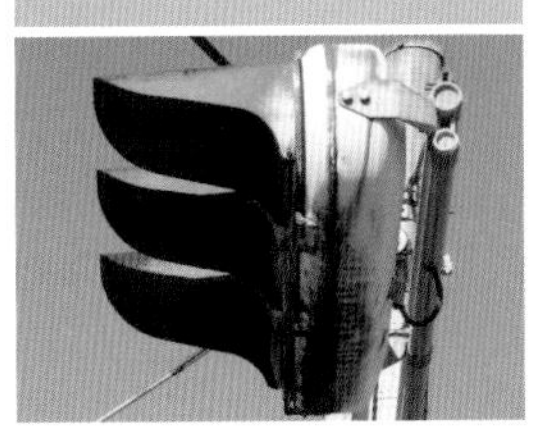

写真5　小糸工業の「包丁」信号機（レンズ径250㎜）

写真6　日本信号の初代丸型信号機（レンズ径300㎜）。非常に深い庇が特徴。

写真7　京三製作所の初代丸型「宇宙人型」（レンズ径300㎜）

❸① 共通鉄製丸型信号機 〈1979～99〈昭和54～平成11〉年頃〉

❷の世代までは小糸工業、日本信号、京三製作所が各社特徴のある信号機を製造していたが、1979（昭和54）年以降は3社とも非常に形の似た筐体を使用するようになった。レンズ径は250㎜と300㎜がある。

庇についてはそれぞれ違うものを使用していたが、こちらも1981（昭和56）年頃からは各社非常に似たものとなっている（厳密には小糸、日本信号、京三でそれぞれ違いはある）。レンズについては日本信号と京三（写真8）は基本的に同じものを使っているが、小糸は自社製造のため、透明度が高く色の濃い独自のものを使用している（写真9）。

写真8・9を見比べると、灯器の形は小糸も京三もかなり近いが、レンズを見ると小糸は青が非常に濃く透明度の高い色で、京三のものは色が薄く、黄がレモン色っぽい色調であることがお分かりいただけるだろうか。

ちなみにこの丸型世代では小糸が2回、京三・日本信号が1回レンズが変更されており、平成初期頃から製造された鉄製灯器に使われているレンズは、小糸も京三・日本信号も色合い的にはかなり近いものとなっている。なお鉄製丸型については標準のレンズのほか、いくつか種類があるため、色合いは一概にはいえない。

2024（令和6）年現在、この鉄製丸型の世代は一部のLED化が著しく進んだ都道府県を除き、全国的にまだ見ることができるが、数は着実に減ってきている。

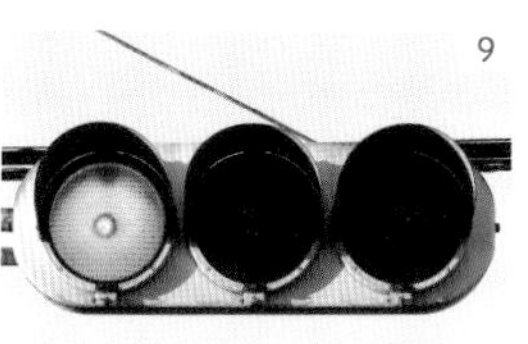

写真8　京三製作所の鉄製丸型（レンズ径300㎜）

写真9　小糸工業の鉄製丸型（レンズ径300㎜）。
下段は同じく小糸工業の新しめの鉄製丸型。

写真10　京三の新しめの鉄製丸型信号機。この世代の信号機は、
小糸のレンズもこれにかなり近い色合いに変更されている。

※写真はすべてレンズ径300㎜のもの

③-② 樹脂製丸型信号機〈1974～2000〈昭和49～平成12〉年頃〉

③-①までは鉄製の信号機の歴史を見てきたが、1974（昭和49）年頃に樹脂製の信号機が製造されるようになった。この信号機は三協高分子が開発したもので小糸工業、日本信号、京三製作所に灯器を提供し、それぞれのメーカーの銘板が貼られて設置されていった（写真11）。古いものは樹脂特有の黄ばみが出ているのが特徴。錆びないことから主に沿岸部で盛んに設置された灯器で、内陸県では設置されなかったところもある。

小糸は1977〈昭和52〉年から筐体もレンズも自社製の樹脂灯器を製造するようになったため（写真12）、以降のものは区別がつくが、ほかの日本信号、京三、松下通信工業、立石電機（現・オムロン ソーシアルソリューションズ）、住友電気工業などのメーカーでは、この三協高分子からOEM供給を受けて樹脂灯器を販売していた。そのため、これらのメーカーの樹脂灯器は銘板のみがどのメーカーかの判断材料となる。また、三協高分子の銘板を付けた自社製品もある。

なお小糸はレンズが3回、三協樹脂はレンズが1回変更になっており、小糸は昭和50年代の古めの樹脂は青が水色っぽい色合いとなっているが、だんだん三協製の樹脂のレンズと近い色に変わっていった。なお樹脂丸型については標準のレンズのほか、いくつか種類があるため、色合いは一概には言えない。

この樹脂丸型は北海道、愛知県、兵庫県などで盛んに設置され、現在でも大量に残っている。

11

12

写真11　日本信号の樹脂丸型。三協高分子が製造しているが、OEM供給のため銘板は日本信号製となっている。

写真12　小糸が自社製造した樹脂丸型。レンズは青が濃い水色っぽい色合いで、背面に2本の縦線が入っているのが特徴。下段は小糸の新しめの樹脂丸型。

※写真はすべてレンズ径300㎜のもの

❸③ FRP製丸型信号機

筐体をFRP製とした灯器で、大阪府、徳島県、千葉県、愛媛県など一部の地域で盛んに設置されたが、全国的にはあまり普及しなかった。小糸、日本信号、京三、松下が製造したものが確認されている。

小糸工業

まず小糸については1972（昭和47）年頃から製造され、当時は同年代の鉄製の灯器と同じ包丁設置だった（FRP製の包丁、250㎜の例。写真13）。

このFRP製の包丁には、レンズは250㎜と300㎜がある。見た目は小糸製の鉄製包丁灯器とほぼ変わらないが、同世代の鉄製灯器が錆びで茶色く染まっているのに対し、FRP製はやたら色が純白に近くなっていて状態が非常に良い。

こちらも鉄製同様、1972〜74（昭和47〜49）年頃までは包丁設置だったようだが、それ以降は通常の灯器に近い設置方法に変更になった。その後1978（昭和53）年頃までは前述の一部地域では設置されていたが、1979（昭和54）年以降は千葉県でのみ採用が続き、灯器の形も❸①の鉄製灯器に似た形に変更された（このタイプは300㎜のみ確認。写真14）。千葉県でも1981（昭和56）年頃を最後に、小糸のFRP灯器は設置されなくなった。

日本信号

日本信号についても1972（昭和47）年頃から製造され、❸①の初期の丸型と極めて似た形状となっているが、背面に社紋のNSマークが刻印されていることと、庇が異様に毛羽立っていることから区別が付く。このタイプのFRP灯器は1978

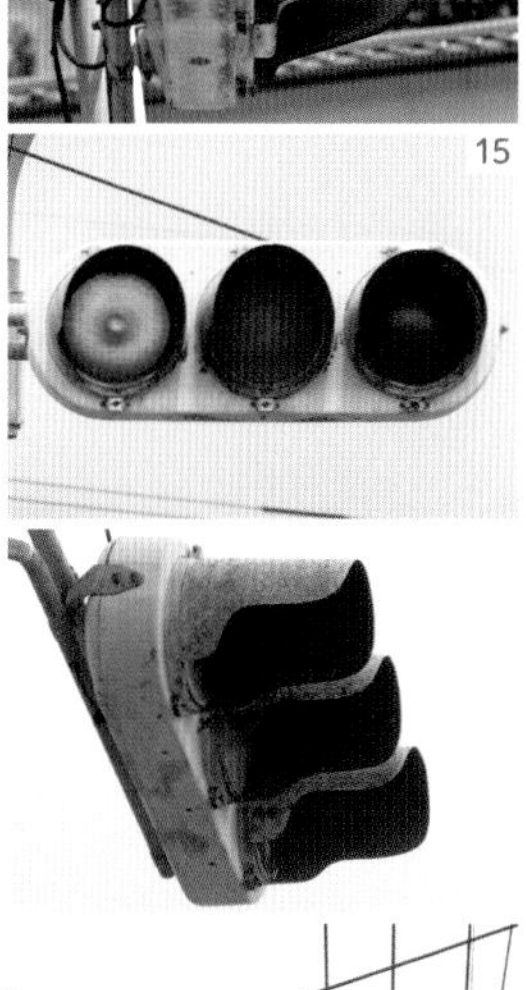

写真13　小糸工業のFRP丸型信号機（レンズ径250㎜）。設置方法は包丁スタイル。

写真14　小糸工業の1979年以降のFRP丸型信号機。

写真15　日本信号が1978年頃まで製造した前期タイプのFRP信号機。社紋が大きく入る信号機は珍しい。

（昭和53）年頃まで設置され、特に徳島県や千葉県で多く設置された（写真15）。

1979（昭和54）年になるとFRP灯器の形が、同世代の鉄製灯器とほぼ同じ形に変更され、背面のNSマークもなくなったが、こちらも庇が毛羽立っていることなどから鉄製灯器との区別は可能。この世代のFRP灯器は千葉県、徳島県、愛媛県、三重県、宮崎県、兵庫県など意外に多く設置されたが、今は数がかなり減っている。

この日本信号のFRP灯器は製造期間が長く、平成に入ってからもわずかながら製造されていたようだ。なお日本信号のFRP灯器は自転車用等の特別な場合を除き、基本的にレンズ径300㎜しか存在しない（写真16）。

京三製作所

京三については1970（昭和45）年頃からわずかにFRP灯器を製造していたようだが、小糸や日本信号に比べると非常に数が少なく、絶滅も早かったため資料が少ないことから割愛する。

松下通信工業

松下（現・パナソニック）グループの松下通信工業製のFRP灯器は1972（昭和47）年頃から75（昭和50）年頃まで、大阪府を中心に多く設置された。ほかにも静岡県や兵庫県などで確認されている。

数は決して多くなく、なくなるのも早かったが、2021（令和3）年頃まで兵庫県西宮市に1カ所だけ残っている場所があった（写真17）。1975（昭和50）年以降に製造された松下製のFRP灯器は確認されていない。

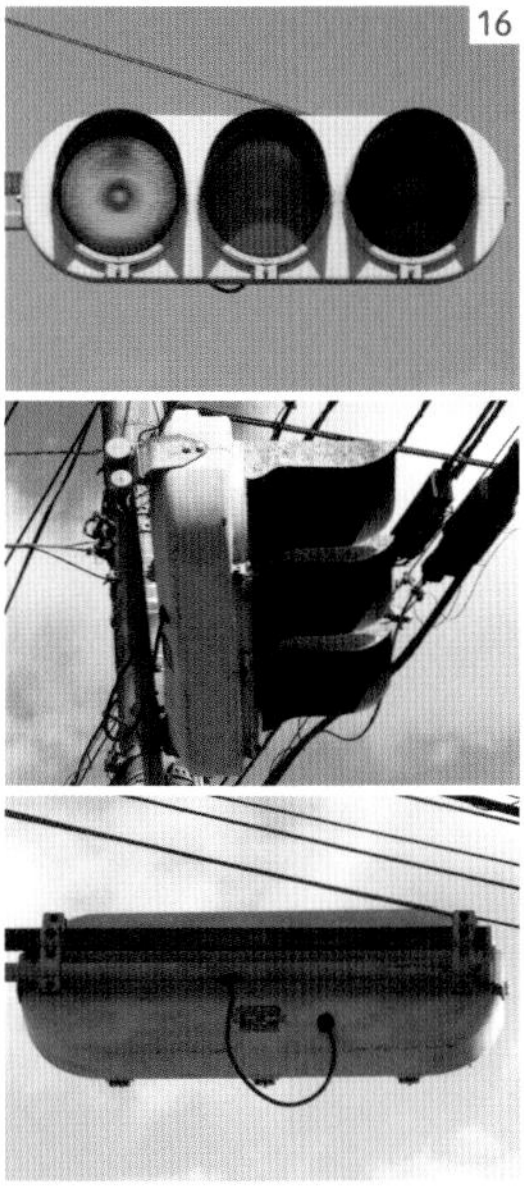

写真16　日本信号が1979年から製造した後期タイプのFRP信号機。

写真17　松下通信工業製のFRP信号機。

❹ⓐ アルミ製分割型信号機（電球式）

これまで鉄、樹脂、FRPと3つの材質の信号機を紹介したが、1994（平成6）年頃になって各社でアルミ製の信号機が製造されるようになった。また鉄製や樹脂製の信号機は青、黄、赤の部分が一体となった楕円形のものだったが、このアルミ製の分割型灯器は青、黄、赤のパーツがそれぞれ分かれて製造されているため、分割型と呼ばれる。

なお、ここまでは前述の大手3社（小糸、日本信号、京三）がメインで信号機を製造してきたが、新たに信号電材が1994（平成6）年にこの世代の灯器から参入してくる。レンズ径は300㎜、250㎜の両方がある。

なお、各社の製造期間は写真説明に記載した。また、❸①や❸②の丸型を好み、アルミ分割型を採用しない県もあった（北海道、長野県など）。この世代の信号機は、まだ全国的に大量に残存している。

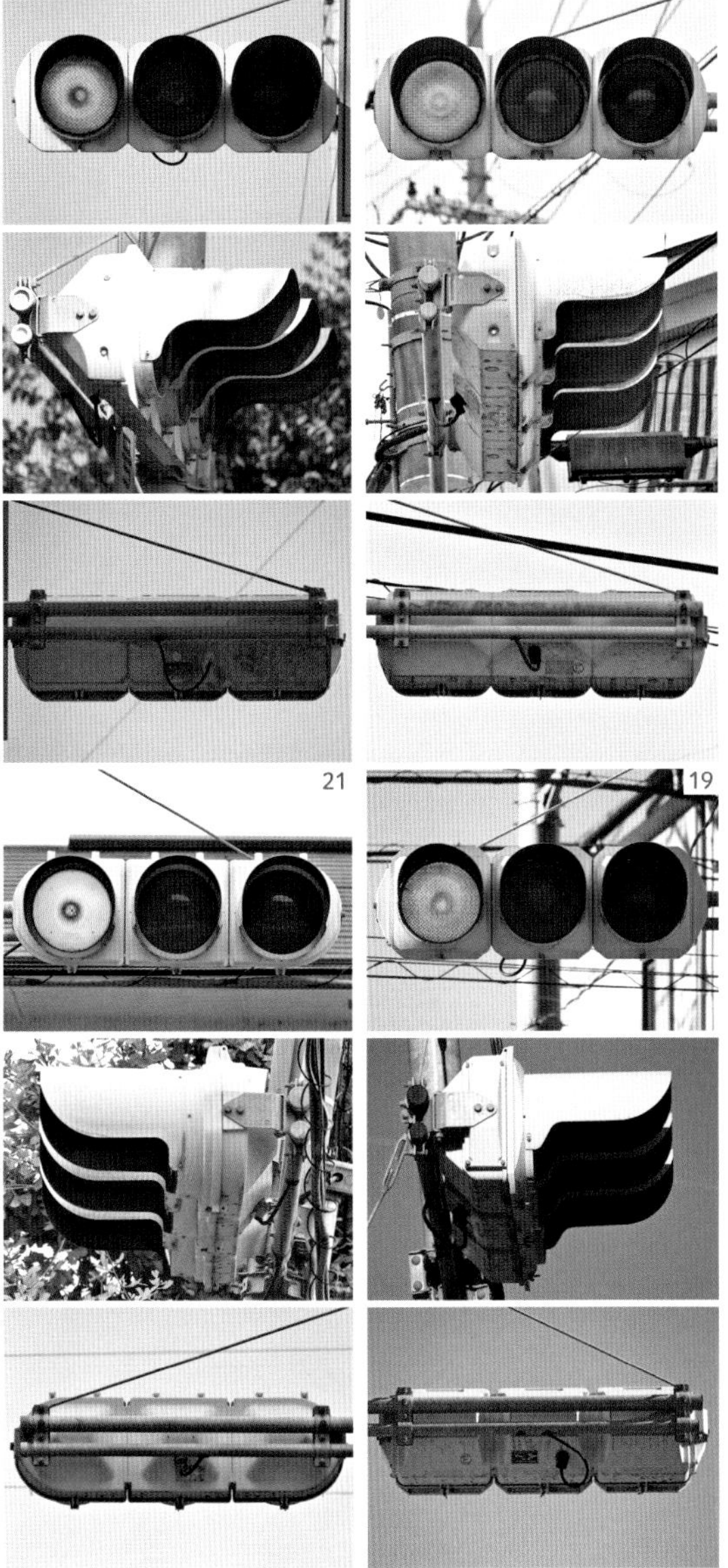

写真18　小糸工業のアルミ分割型　製造期間：1994〜97（平成6〜9）年頃
写真19　日本信号のアルミ分割型　製造期間：1994〜2003（平成6〜15）年頃
写真20　京三製作所のアルミ分割型　製造期間：1994〜98（平成6〜10）年頃
写真21　信号電材のアルミ分割型　製造期間：1994〜99（平成6〜11）年頃
（信号電材は昭和末期から小糸、日本信号、京三に筐体を提供し、九州を中心に設置事例がある）

※写真はすべてレンズ径300㎜のもの

⑤ⓐ アルミ製一体型信号機（電球式）

前面は④ⓐのようなシャープな形状のまま、背面が一体型になったタイプが小糸、日本信号、京三、信号電材の各社で登場した。京三以外の3社は1タイプずつだが、京三は1998〜2003（平成10〜15）年頃に製造された通称「蒲鉾型（かまぼこ）」（背面の形が蒲鉾に似ていることから）と、2002〜08（平成14〜20）年頃に製造された、より凸凹が少なくのっぺりとしたデザインとなった「2002型」の2種類がある。また、小糸の一体型は分割型に似ている。

小糸と京三の蒲鉾型、信号電材のレンズ径は300㎜と250㎜の両方が存在するが、日本信号と京三の2002型は300㎜のみ。この頃になると埼玉県や佐賀県など250㎜を積極的に採用していた県を除き、250㎜の設置自体が減少してくる。

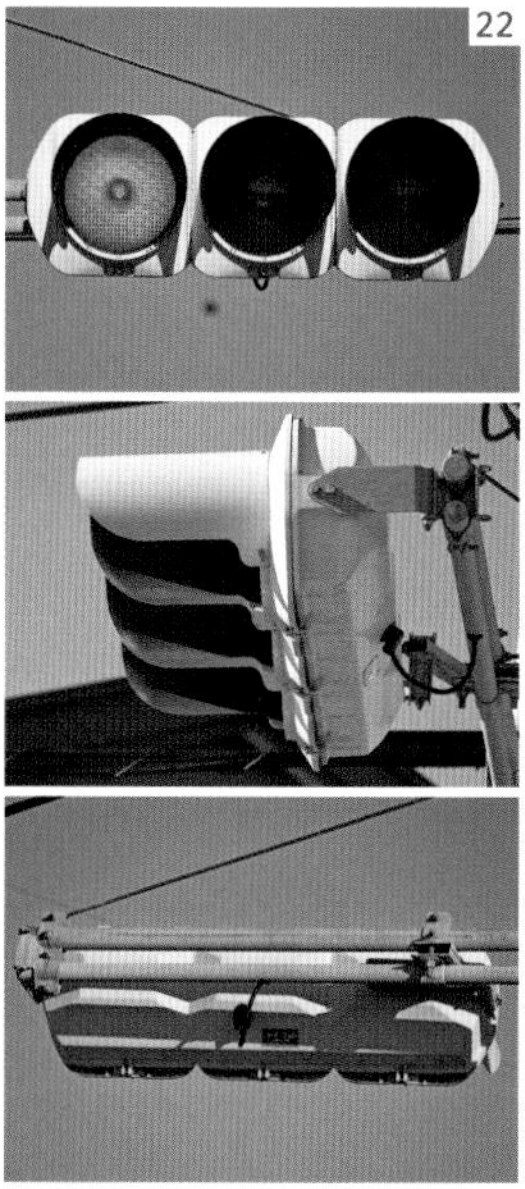

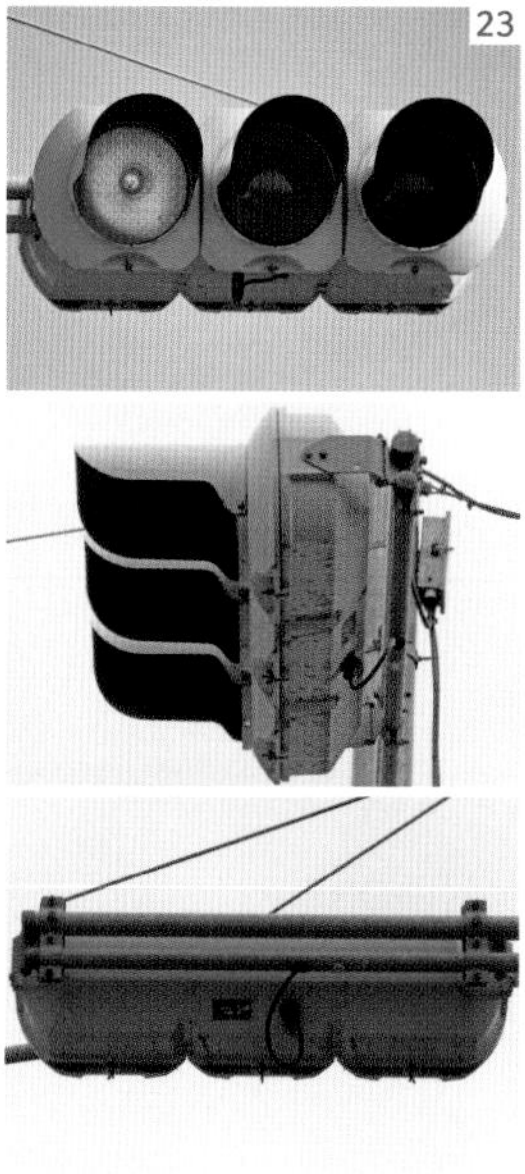

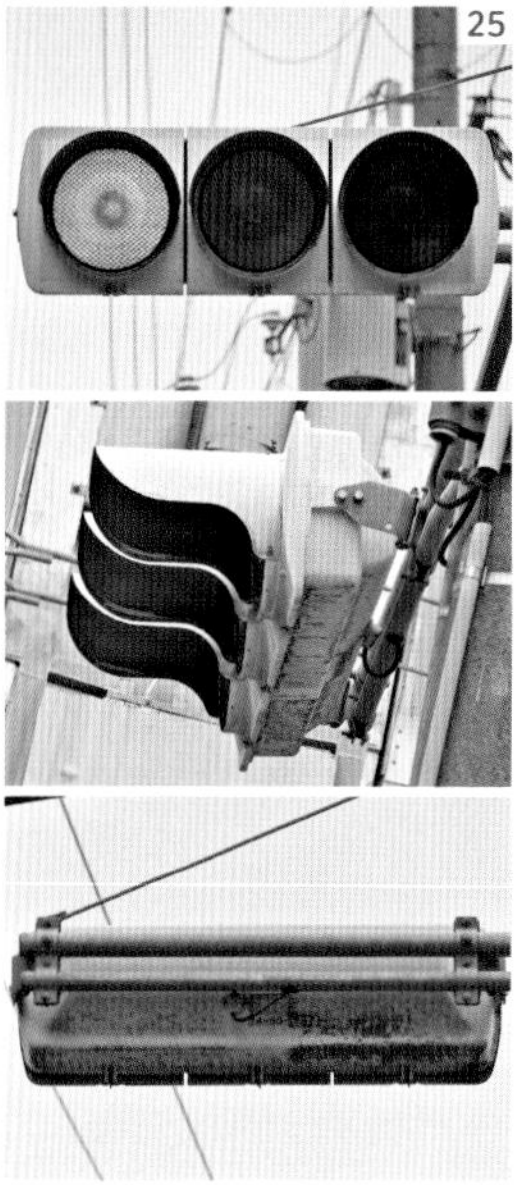

写真22　小糸のアルミ一体型　製造期間：1997〜2010（平成9〜22）年頃
（庇が浅いものから深いものに途中で変更になった。写真は深い庇のもの）
写真23　日本信号のアルミ一体型　製造期間：2003〜10（平成15〜22）年頃
写真24　京三製作所のアルミ一体型（蒲鉾型）　製造期間：1998〜2003（平成10〜15）年頃
写真25　京三製作所のアルミ一体型（2002型）　製造期間：2002〜08（平成14〜20）年頃

※写真はすべてレンズ径300㎜のもの

❹ⓐのアルミ分割型と違い、このタイプは全国的に普及した。2008（平成20）年頃になると全国的に次の❻の薄型LEDに移行し始め、2010（平成22）年頃には静岡県など一部を除き、ほとんど設置されなくなった。

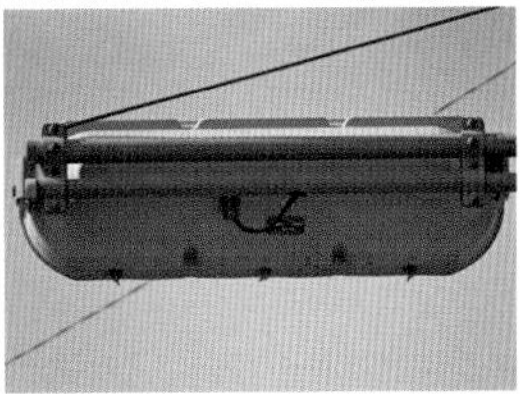

❹ⓑ アルミ製分割型（LED）

1994（平成6）年に徳島県と愛知県に初めてLED信号機が登場した。その後、徳島県をはじめとしたLED信号機導入に積極的な県で、徐々にLED信号機が設置されていった。なおレンズ径は、基本的に300㎜が標準として製造されている（LED素子部分が250㎜のものは東京都で設置されている）。

　アルミ分割型世代は、まだ❹ⓐの電球式を採用している都道府県のほうが多かったため、LED信号機を試験的に設置したのみの県も多く、この世代のLED信号機は珍しい。また、初期のLED信号機はLED素子の輝度が現行のものよりかなり低いため、現在よりも多くの素子を使用しており、大変高価でなかなか導入できなかった背景もある。

　筐体は❹ⓐの電球式に使われているものとまったく同じで、小糸、日本信号、京三、信号電材それぞれの

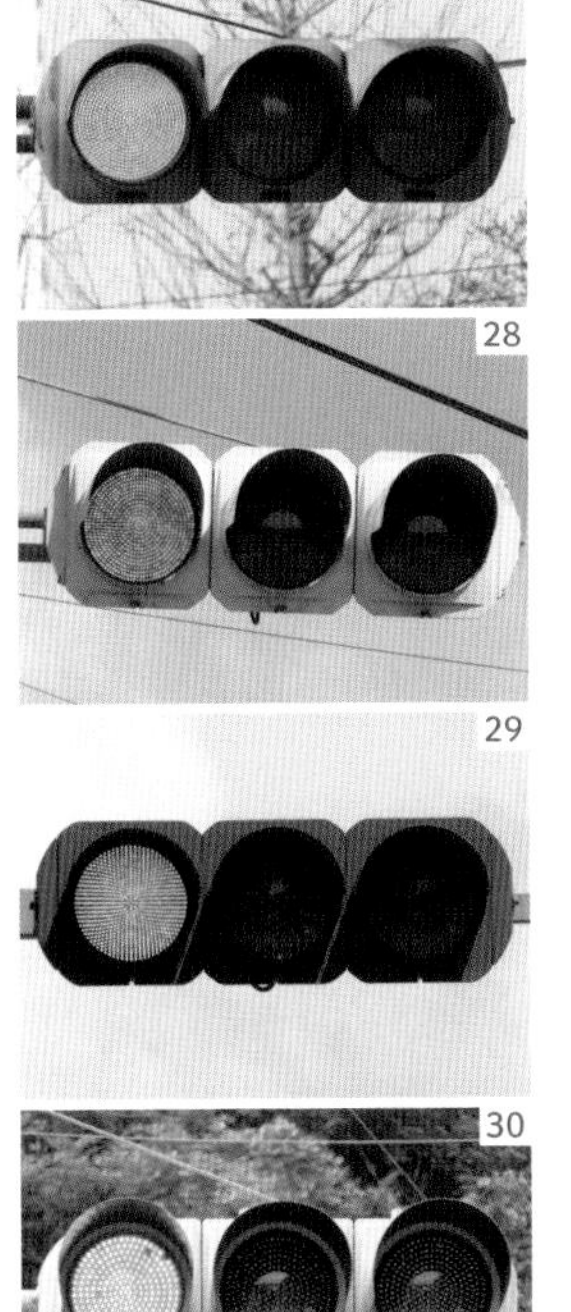

写真27　小糸工業の分割型LED（LED素子15周）
写真28　日本信号の分割型LED（LED素子15周）
写真29　京三製作所の分割型LED（LED素子18周）
写真30　信号電材の分割型LED（LED素子10周）

写真26　信号電材のアルミ一体型
製造期間：2000〜06
（平成12〜18）年頃

アルミ分割型のLED信号機がある。
写真27〜30はそれぞれ初期のタイプで、小糸はこれより前の素子配列がある。また、日本信号の分割型ではこれよりもLED素子が少なくなったタイプも存在する。

星和電機は、2002（平成14）年にこの世代から新規参入した。LED信号機から製造し始めたメーカーで、薄型でないLED信号機は写真31の1種類のみである。茨城県や千葉県、青森県等で見かけるものの全国的にはさほど普及しておらず数は少ない。背面が円形のプリンカップのように盛り上がった形をしているのが特徴。2006（平成18）年頃まで設置された。

日本信号には、LED素子が見えないタイプのLED信号機もあり、「プロジェクタータイプ」と通称されている（写真32）。これは中心に通常より高輝度のLEDの集合体を配置して内部のレンズで光を均一に広げる仕組みで、LED素子の数を削減し、低コスト化を図ることに成功したものである。

プロジェクタータイプは、日本信号と京三のアルミ灯器に使用されている。日光が当たると白っぽく眩しく見えてしまう欠点があり、神奈川県、京都府、熊本県、奈良県など一部の府県にしか普及しなかった。

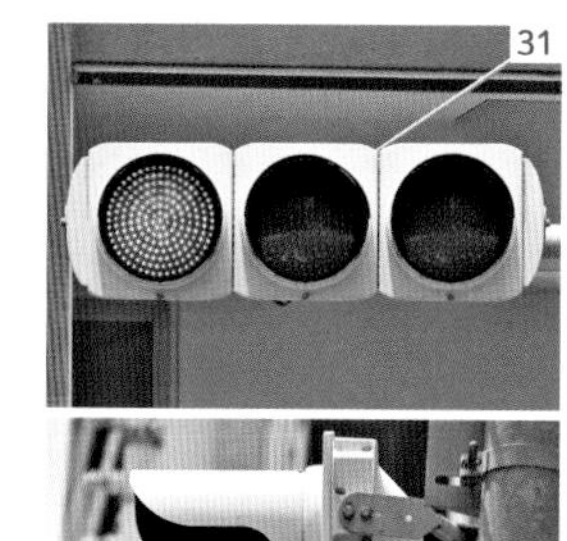

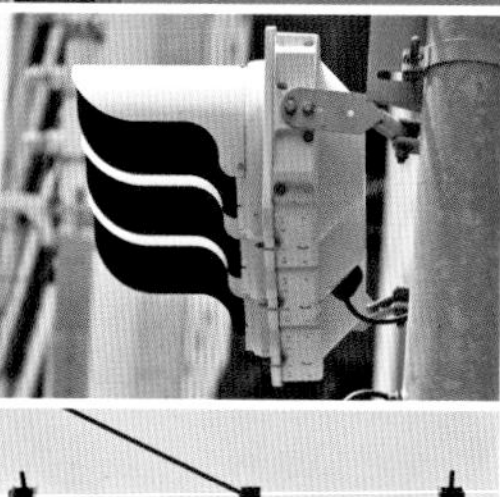

写真31　星和電機の分割型LED

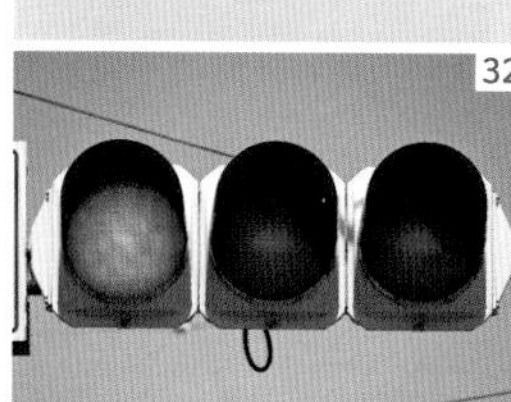

写真32　日本信号の分割型プロジェクターLED見た目には電球かLEDか分かりにくいが、点灯していないときは灰色なので、レンズではなく光自体に色が付いていることから、LEDだと分かる。

⑤ⓑ アルミ製一体型（LED）

⑤ⓐで光源がLEDのもの。このアルミ一体型からLED信号機の採用割合が増え、全国的に普及し始めた。一体型の初期は分割型LED（④ⓑ）と同様に多くのLED素子を使っていたが、各メーカーで研究を重ね、徐々にLED素子を減らしたものが普及し、やがて9周のものが標準となった。

また、京三の蒲鉾型と2002型は、LED素子型のほかに、④ⓑで紹介したプロジェクタータイプも登場した。小糸にもプロジェクターLEDと似た仕組みの「レンズユニットタイプ」というＬＥＤ素子が見えないタイプのＬＥＤ信号機が登場した。なお信号電材は素子が見えるタイプのみである。

写真33　小糸工業の一体型LED（素子が見えるタイプ）
写真はLED素子が青10周、黄・赤9周のもの（ほかにもLED素子のバリエーションあり）

写真34　日本信号の一体型LED（素子が見えるタイプ）
写真はLED素子が9周のもの（ほかにもLED素子配列にバリエーションあり）

写真35　京三製作所の一体型（蒲鉾）LED（素子が見えるタイプ）
写真はLED素子が9周のもの（ほかにもLED素子配列にバリエーションあり）

写真36　京三製作所の一体型（2002型）LED（素子が見えるタイプ）
写真はLED素子が9周のもの（ほかにもLED素子配列にバリエーションあり）

写真37　信号電材の一体型LED

写真38　コイト電工の一体型LED（レンズユニットタイプ）
神奈川県、奈良県、滋賀県など一部地域でのみ普及

写真39　日本信号の一体型LED（プロジェクタータイプ）
このタイプは現在、佐賀市に1カ所あるのみ

写真40　京三製作所の一体型（蒲鉾）LED（プロジェクタータイプ）
茨城県、奈良県など一部地域でのみ普及

写真41　京三製作所の一体型（2002型）LED（プロジェクタータイプ）
神奈川県、京都府、福岡県など一部地域でのみ普及

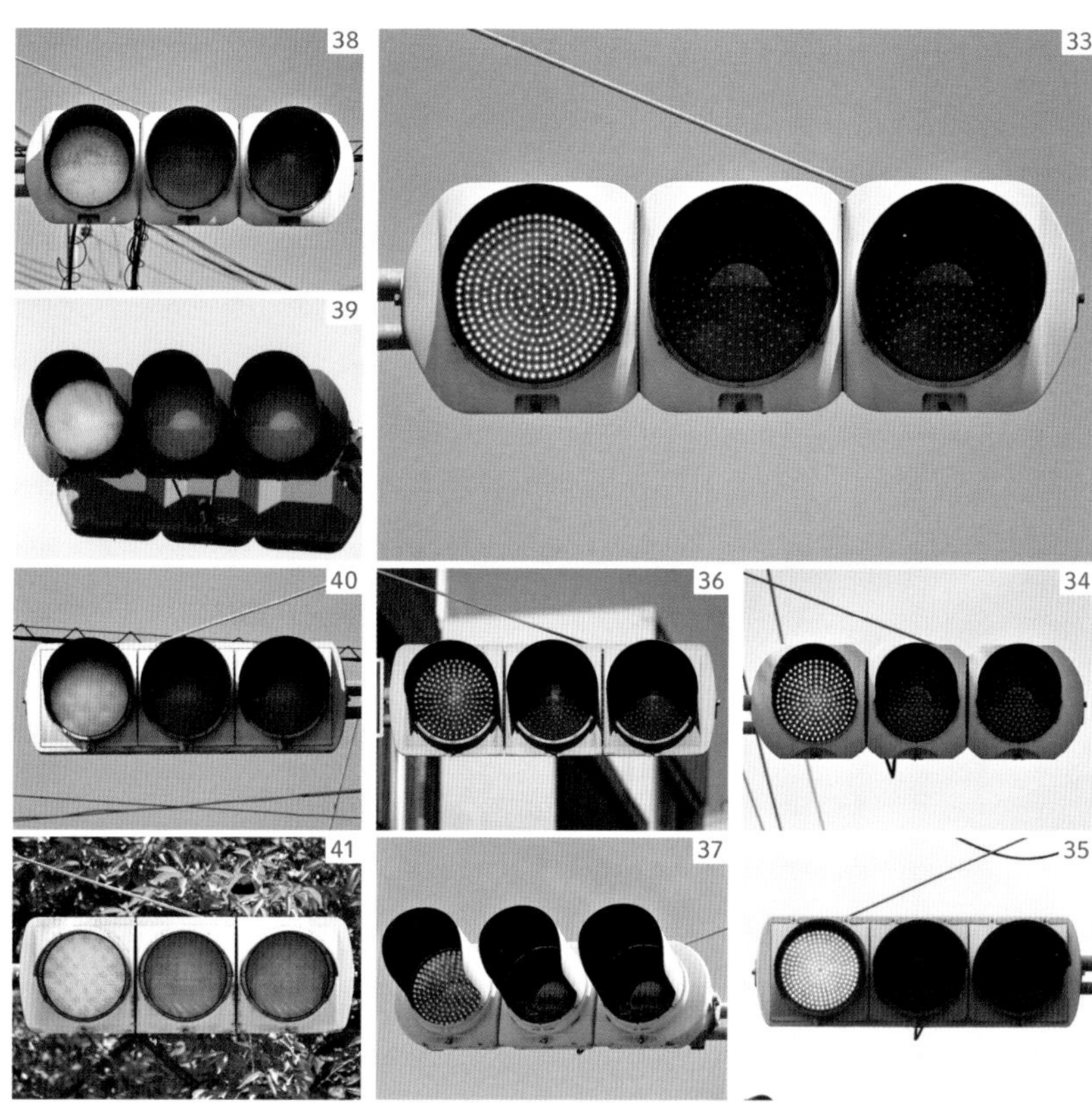

⑥ⓐ 薄型LED

光源がLEDになったことで薄くすることが可能になり、筐体の厚さを従来より薄くした薄型灯器が2004（平成16）年から製造され始めた（一番最初に登場したのは信号電材の薄型）。

小糸工業、日本信号、京三製作所、信号電材、星和電機、さらには三協高分子もこの薄型の筐体を製造している。基本的にはLED式のみの製造だが、信号電材のみ電球式の仕様がある（後述）。

小糸工業

小糸工業は、2004～11（平成16～23）年に、第1世代の薄型を製品化。従来のLEDをそのまま薄くして、背面がH型になったものが製造された（写真42）。2010～12（平成22～24）年頃

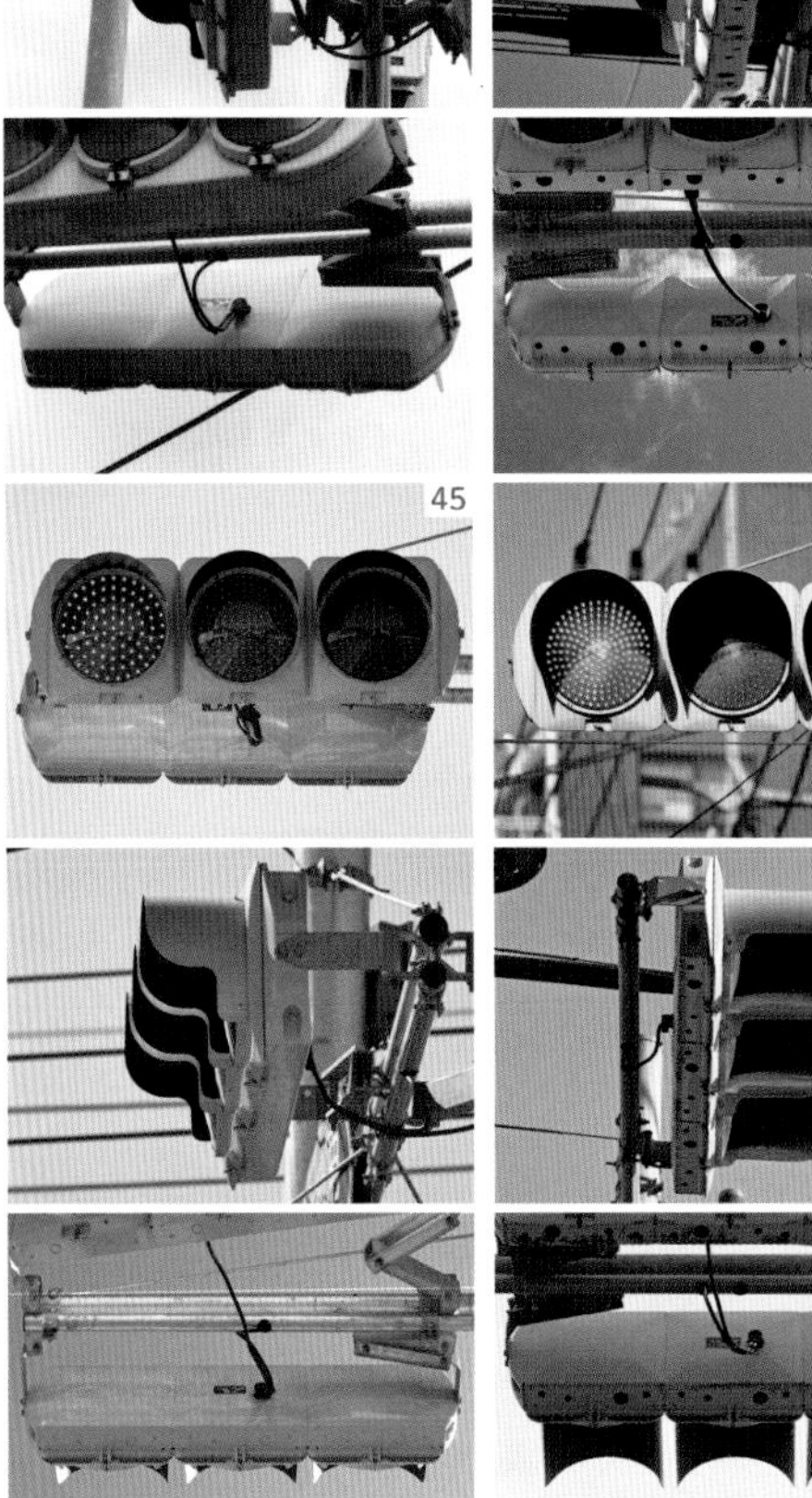

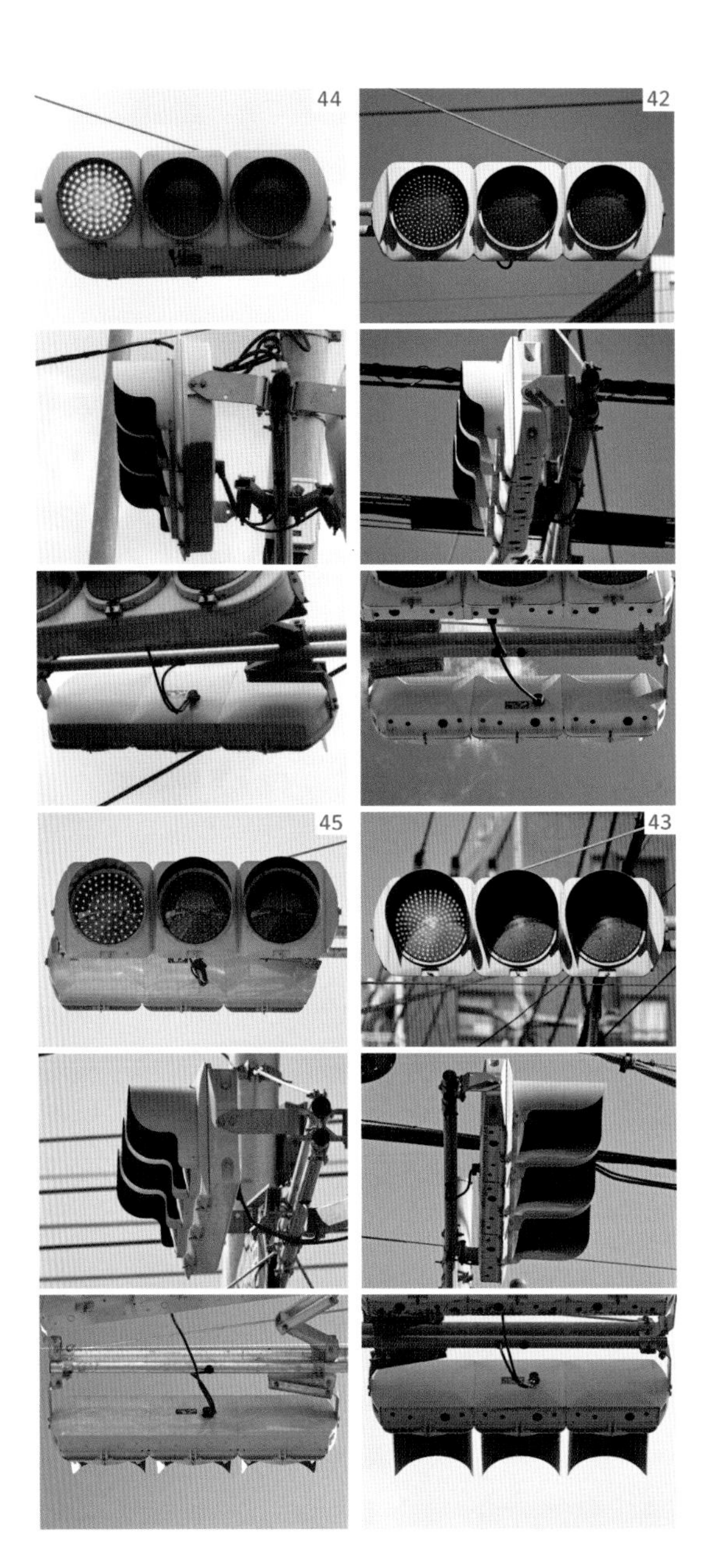

写真42　小糸工業の第1世代（LED素子はすべて9周のタイプ）
写真43　コイト電工の第2世代（LED素子はすべて9周のタイプ）
写真44　コイト電工の第3世代（LED素子は青6周、黄8周、赤7周のタイプ）
写真45　コイト電工の第4世代（LED素子は青6周、黄8周、赤7周のタイプ）

に製造された第2世代の薄型では、背面の形状が変更されて四角く薄く盛り上がった形となった（写真43）。

２０１２〜17（平成24〜29）年頃は第３世代の薄型となり、青と赤の外側に付いていたパーツが一体となった形に変更された（写真44）。この世代からＬＥＤ素子が少なくなり、特に青が極端に少なくなった。

令和に入ると、レンズ径３００㎜の通常の薄型は基本的に製造されなくなったが、東京都や神奈川県、大阪府、静岡県など一部の都府県向けに製造された第４世代の薄型がある。第２世代と第３世代の中間のような形の灯器で、再び青と赤の外側に付いていたパーツが分離された形で、ＬＥＤの素子配列は第３世代と同じで青の素子が少ない（写真45）。

なお薄型ＬＥＤには庇が短いタイプと長いタイプがあり、都道府県によって採用が分かれた（写真43が庇が長いタイプで、ほかはすべて短いタイプ）。また小糸工業は２０１０（平成22）年夏に信号機製造部門を新たに設立したコイト電工へ移管している。

日本信号

日本信号は薄型ＬＥＤが２タイプあり、２００４〜12（平成16〜24）年頃まで製造された第１世代タイプが写真46である。日本信号のアルミ分割型を、形はそのままに薄くしたような形状となっている。

２０１３（平成25）年には第２世代タイプが登場。青と赤の外側の三角形の大きさが小さくなり、背面がやや膨らみのある形に変更になった（写真47）。

また、日本信号はＬＥＤの素子が２種類あり、写真46のような通常の素子タイプと写真47のような面拡散タイプがある。面拡散タイプとは、擦りガラス状のものをレンズ内部に

写真46　日本信号の第1世代
写真47　日本信号の第2世代

入れることで光を拡散させ、少ないLED素子でも光が確保できるように工夫されたもの。従来よりもLED素子を大幅に削減でき、現在も使われている。第1世代の途中、2010（平成22）年頃に登場し、京三と日本信号の薄型LEDに使われている。ダイヤモンド形の素子に見えるのが特徴だ。

京三製作所

京三の薄型LEDは3タイプある。京三は世代によって銘板の形式がしっかり分かれていて、その銘板に記載されたアルファベットで呼ぶことが多い。

2005～12（平成17～24）年（東京都では2015〈平成27〉年まで）頃まで製造された京三薄型VATタイプは、青と赤の外側が二等辺三角形となっており、背面が四角いのが特徴（写真48）。また日本信号と同様に、京三VAT世代の途中となる2010（平成22）年頃に、面拡散タイプのLEDが京三にも登場。岡山県など一部を除き、基本的には面拡散タイプのLEDを使用している。

2010～13（平成22～25）年頃に製造された京三薄型VSPタイプは角が丸く、全般的に丸みを帯びたデザインとなっている。背面に線が入っているのが特徴である（写真49）。

そして2013～17（平成25～

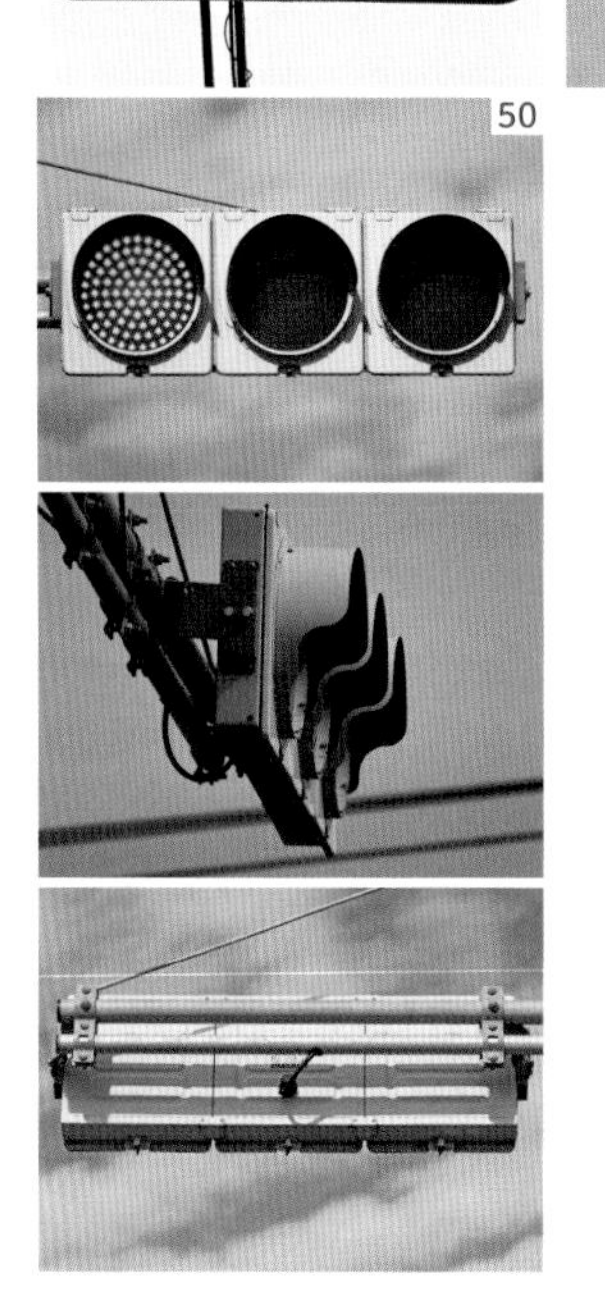

写真48　京三製作所のVATタイプ
写真49　京三製作所のVSPタイプ
写真50　京三製作所のVSSタイプ

29）年頃に製造されたのが京三薄型VSSタイプ。再び非常に四角い形で、まるで古い角型のようなデザインとなった。背面に四角く線が入っているのが特徴である（写真50）。

2017（平成29）年以降は、残念ながら京三製作所は自社での信号灯器の製造をやめてしまったため、次で紹介する信号電材の筐体を使用して京三製として出荷している。

信号電材

信号電材の薄型については、細かいところは変更になっているものの大まかな形はほとんど変更されていない（写真51）。全体的に丸みを帯びていて、青・黄・赤が分割型ではなく、一体型となっているのが他社と違う大きな特徴になっている。

また2010（平成22）年頃から日本信号・京三とは異なる、全体的にぼんやりと光る面拡散型を導入し、以後このタイプを使っている（写真52）。

また信号電材薄型については、薄↙

↙型筐体では唯一、電球式の薄型も製造された（写真53）。同社の薄型LEDとまったく同じ形となっているが、背面に電球を格納するためにプリンカップ状の突起があるのが特徴。2006~10（平成18~22）年頃に、事故復旧など特殊事情がある際によく設置されたが、基本は薄型LEDがメインであり、数は多くない。

星和電機

星和電機の薄型は、従来の分割型LEDをそのまま薄くしたような形状で、背面の円形のプリンカップのような出っ張りは薄くなりながらも健在である（写真54）。

2004~10（平成16~22）年頃に設置されたが、星和自体を採用し

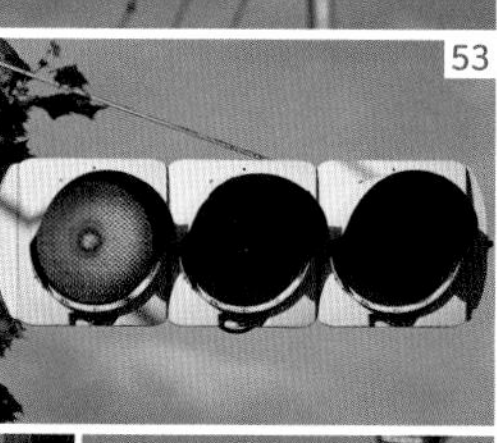
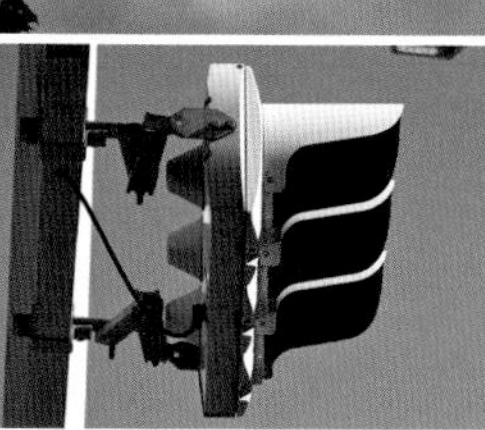
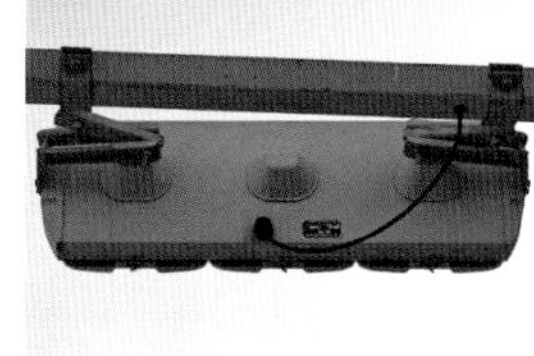

写真51　信号電材の薄型信号機
写真52　信号電材の面拡散型
写真53　信号電材の電球式薄型信号機

ている都道府県に片寄りがあることもあって、まったく設置されていない県もある。

三協高分子

三協高分子の薄型は2つのタイプがある。第1世代の薄型は青と赤の外側がやや丸みを帯びた形となっている（写真55）。2008〜15（平成20〜27）年頃に設置されたが、星和以上に設置された場所に片寄りがあり、大阪府、熊本県、青森県などに多いが、まったく見られない地域も多数ある。

第2世代の薄型は青と赤の外側の部分が角張ったものに変わり、見た目が八角型になり、青、黄、赤が分割型ではなく一体型のものとなった（写真56）。2015〜17（平成27〜29）年頃に青森県、熊本県、大阪府などに少し設置された程度となっている。

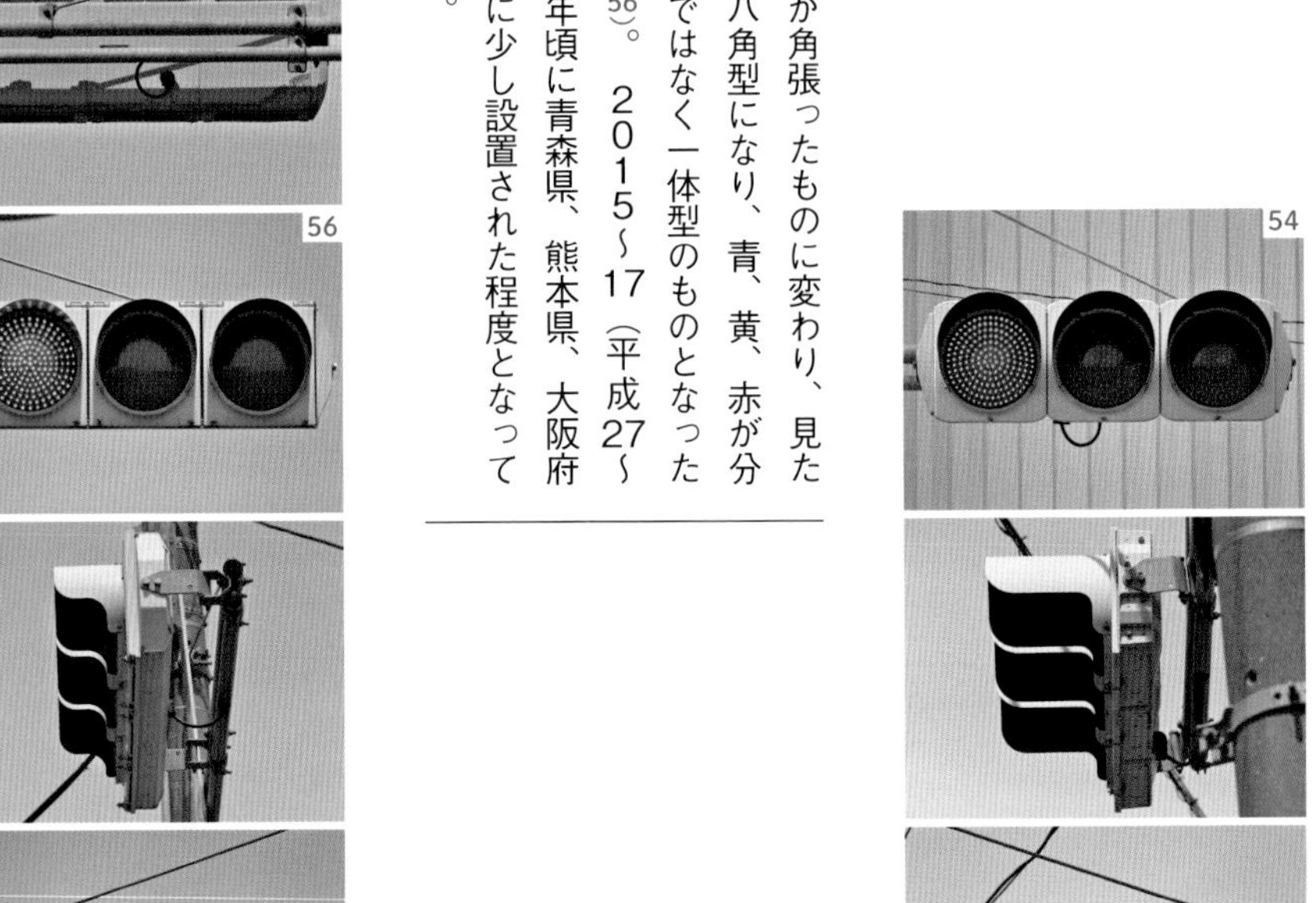

写真55　三協高分子の第1世代の薄型信号機
写真56　三協高分子の第2世代の薄型信号機

写真54　星和電機の薄型信号機

⑥ⓑ フードレス型（フラット型）

薄型LED世代になってしばらく経ってから、小糸工業では庇がなく、薄型LEDよりさらに薄い斬新なフラット型LED信号機の製造を開始した（写真57）。2008（平成20）年頃に試験的に導入され、2017（平成29）年頃に次項の低コスト型が登場するまで製造された。2011（平成29）年にデザインが一度大きく変更されているが、変更点の詳しい説明はこのコイトフラット型が主役となる第3章に譲る。

信号電材も2010（平成22）年から庇がないフードレスタイプの薄型LEDを製造した。こちらは小糸のものと違い、薄さは従来の薄型と同じ、灯器の形も背面は従来の信号電材の薄型とほぼ同じだが、前面は通常の薄型と違いフラットになっている。

2タイプあり、初期のタイプは青と赤の外側の部分が一体で、北海道、岩手県、埼玉県、石川県、鳥取県に試験的にわずかに設置されたのみだった（写真58）。もう一つは青と赤の外側の部分が分かれているタイプで、鳥取県に大量に設置されているほかは、宮城県、北海道にわずかに設置されている程度である（写真59）。

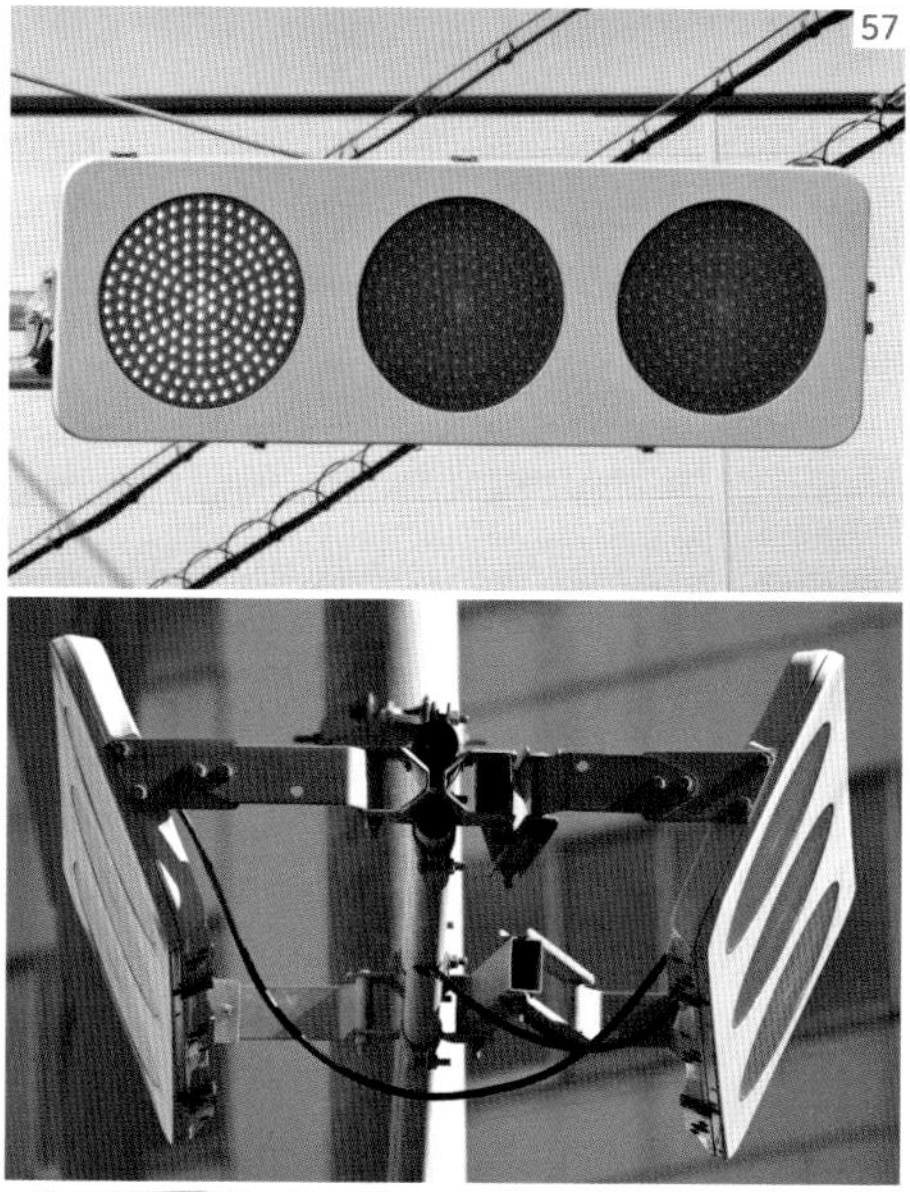

57

写真57　小糸工業のフラット型LED信号機
写真58　信号電材の初期型フードレスタイプ
写真59　信号電材の外側が分かれたフードレスタイプ

❼ 低コスト型

2017（平成29）年、大阪府を皮切りにレンズ径の標準仕様が300㎜の薄型LEDから250㎜に変更され、各社では250㎜の小型薄型LED信号機の製造を開始した。この際、単なる小型化ではなく、各社とも基本的に庇がないものを標準とした。日本信号と三協高分子は庇を取り付け可能だが、コイト電工と信号電材は通常の庇を取り付けること自体が不可能となっている。このタイプは、信号機マニアの間で「低コスト型」と呼ばれている。

コイト電工の低コスト型は、❻ⓑのフラット型を300㎜から250㎜に小型化した仕様（写真60）。

日本信号の低コスト型は、形状は京三VSPに似ていて、レンズまわりに縁取りがされて庇の取り付けが可能。背面には縦線が入る。厚さは

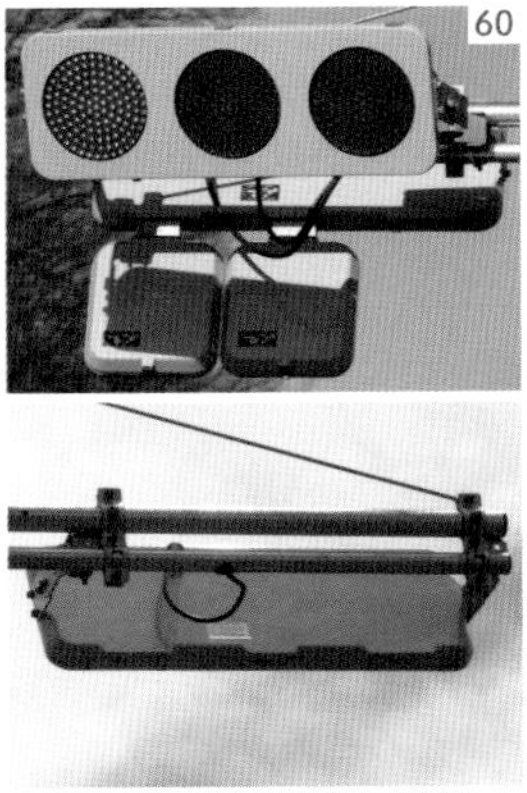

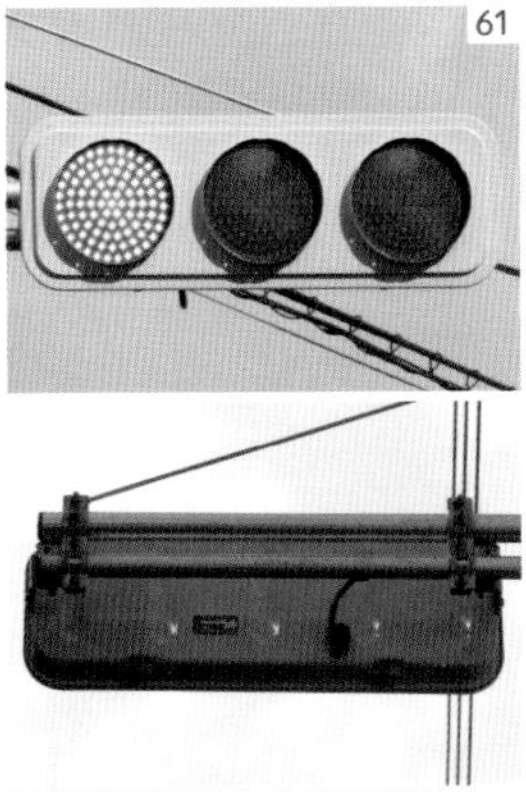

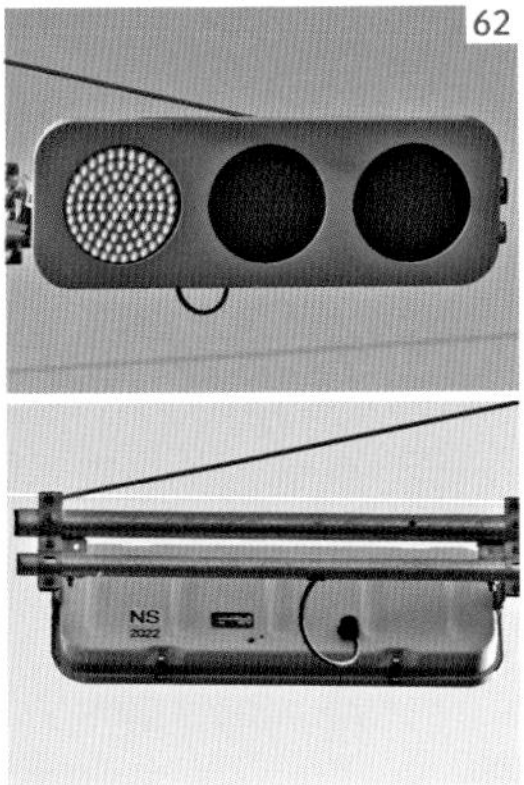

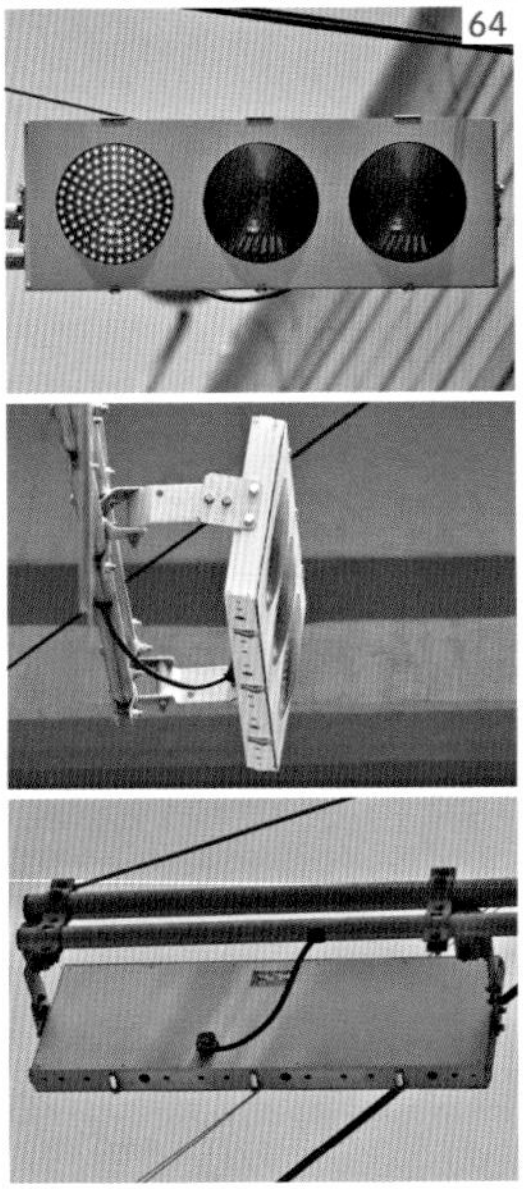

写真60　コイト電工の低コスト型
写真61　日本信号の低コスト型
写真62　日本信号の新型の低コスト型
写真63　信号電材の低コスト型
写真64　三協高分子の低コスト型

コイト電工のものほど薄くない（写真61）。2022（令和4）年に埼玉県で新しいタイプが登場（写真62）。前面は庇の装着を想定していないフラットな仕様となったが、LEDは引き続き面拡散タイプ、背面も従来の低コスト型と同じ形である。

信号電材の低コスト型は、丸い形が特徴だった同社の薄型LEDから一変、非常に四角い形となった。前面も背面もものすごくシンプルで、凹凸がほとんどなく、横から見ると台形に見える（写真63）。

三協高分子の低コスト型は信号電材製と同じく真四角であるが、レンズ部がほんの少し丸く出っ張り、横から見ても真四角であるなど、実際に見ると印象は異なる（写真64）。銘板が上に付いているのも特徴。設置地域は熊本県、大阪府、奈良県などに限られている。

歩行者用信号機

歩行者用の信号機は、車両用の信号機に比べるとデザインの変遷が少ない。

❶ ① 電球式（金属製）

小糸工業

小糸製の金属製電球式の歩灯（歩行者用信号機の通称）は、筐体は1種類のみである。細かいところは変わっていったが、基本的に昭和40年代から2010（平成22）年頃まで同じ形の筐体を使っていた、驚異の長寿モデルである。下側から見ると角が丸い三角形のような形をしていることから「おにぎり型」と呼ばれたりする（写真65）。

使われているレンズは一番古いタ

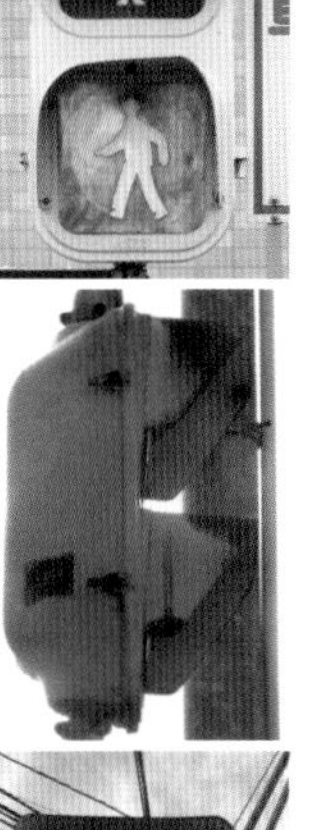

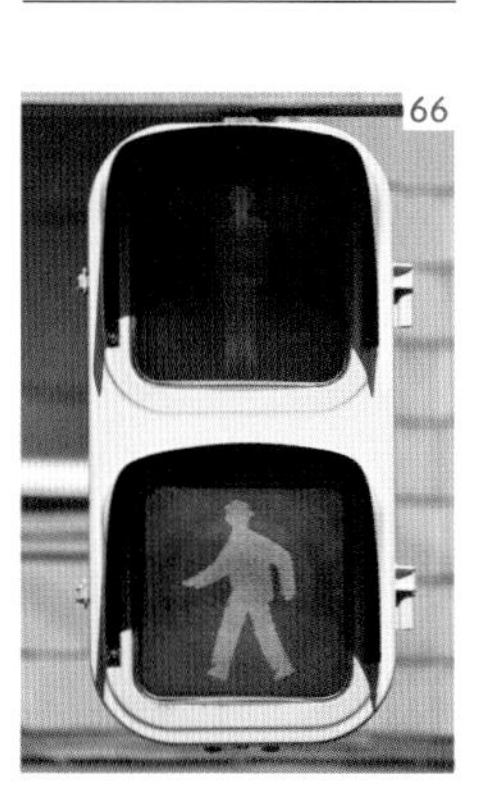

写真65
小糸工業製
（昭和40年代の古いタイプ）
写真66
小糸工業製
（変更後のレンズ）

イプは青が水色、赤が橙色で特徴的な色となっている（写真65）。その後2回の変更を経て、写真66のレンズに変わった。

日本信号・京三製作所

日本信号と京三製作所の歩灯は、長らく共通のデザインのものを使用していた。昭和40年代から1986（昭和61）年頃までは通称「弁当箱」と呼ばれる直方体型ののっぺりとしたタイプの灯器を使用していた（写真67）。レンズは昭和40年代から1978（昭和53）年まで使用していたものは青が黄緑色っぽく、赤がオレンジ色っぽく、人型が黄色いもので（写真67）、1979（昭和54）年以降は透明度が増した次の世代のレンズと同じものを使用していた。

1985（昭和60）年頃からは六角型を縦に引き伸ばしたような形に変更され、「六角型歩灯」と呼ばれている。こちらも日本信号、京三製

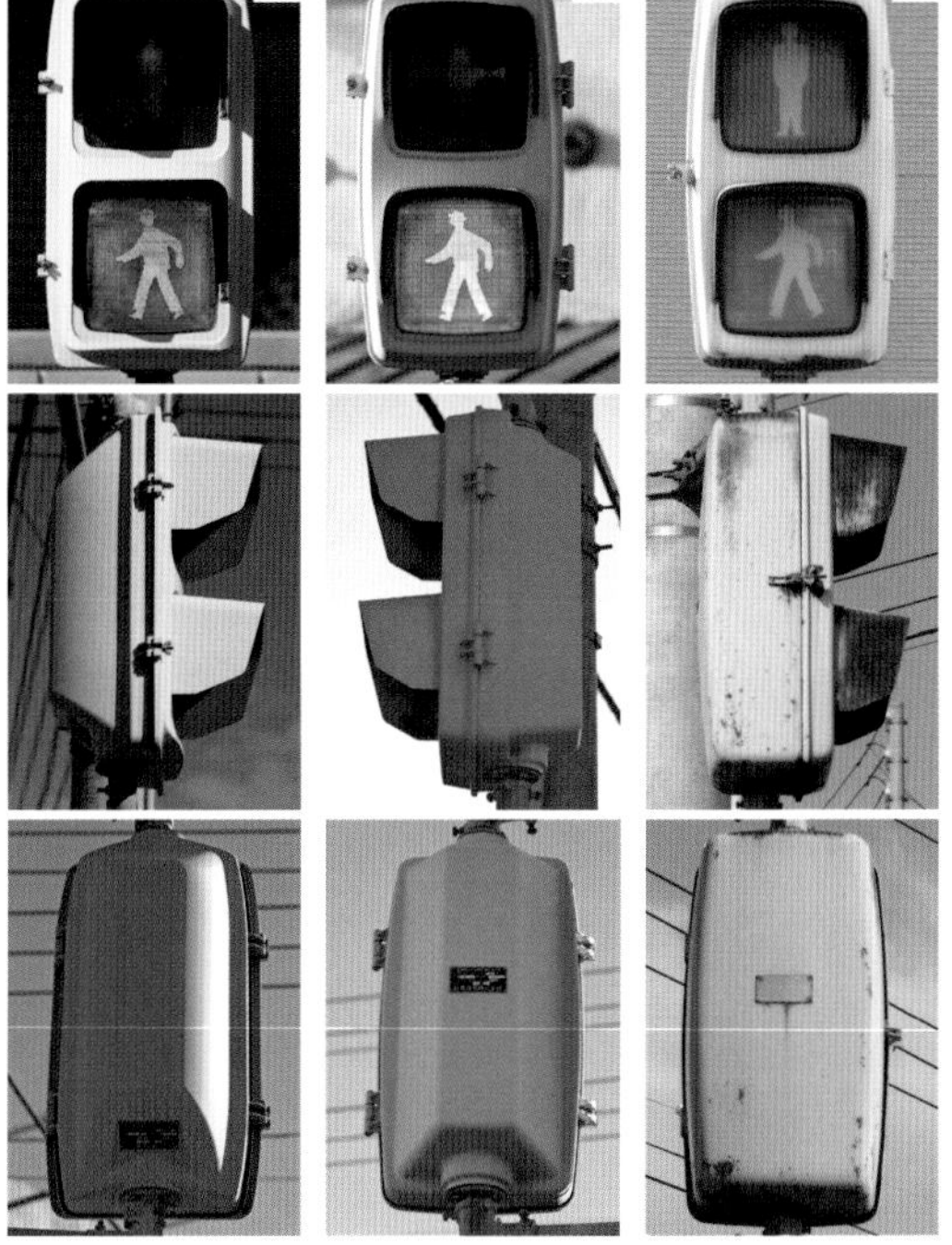

写真67　弁当箱と通称された日本信号・京三製作所の歩灯（写真は京三製）
写真68　六角型歩灯と通称された日本信号・京三製作所の歩灯（写真は日本信号製）
写真69　京三製作所の京三オリジナル歩灯

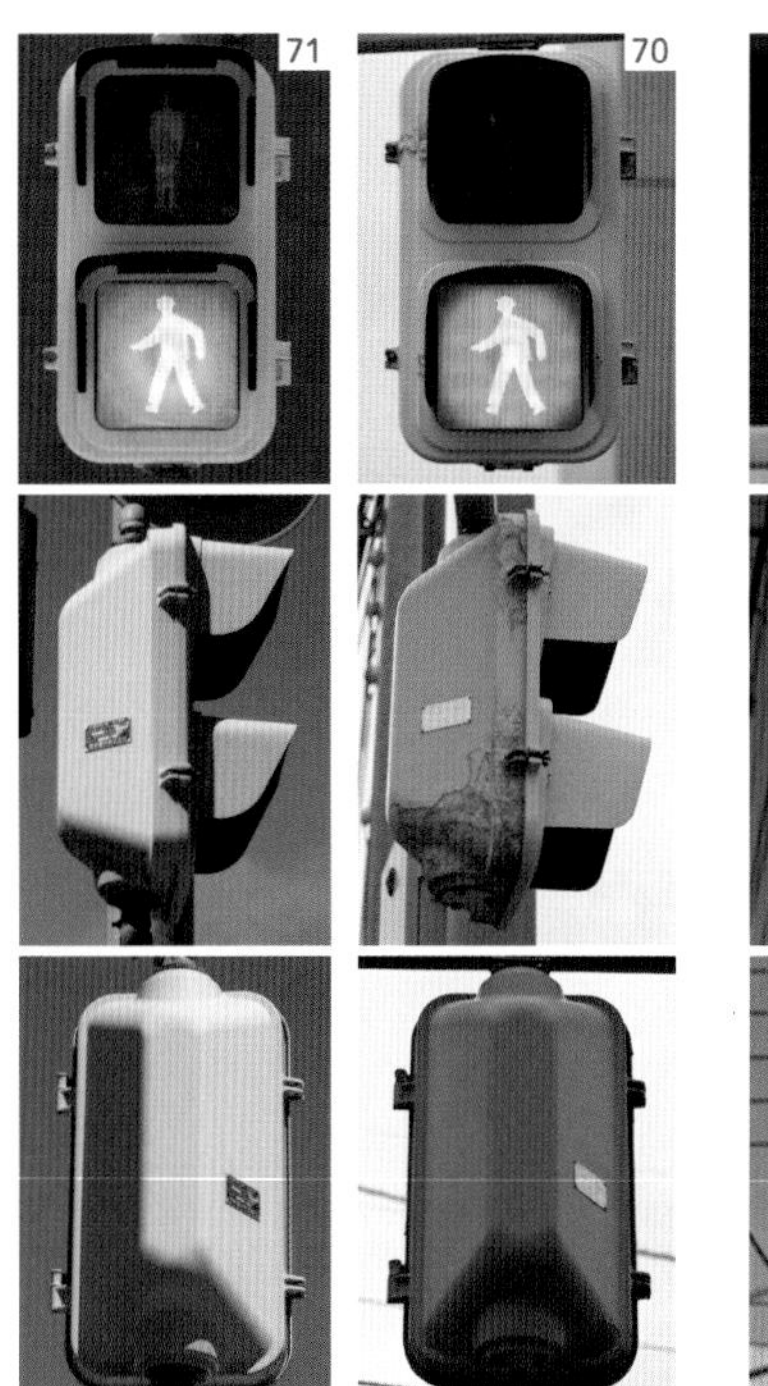

写真70　信号電材の歩灯
写真71　信号電材の量産型歩灯

作所で共通のデザインとなっている（写真68）。

日本信号はこの歩灯を2011（平成23）年頃まで製造し続けたが、京三製作所は2000（平成12）年頃に次の通称「京三オリジナル歩灯」へ移行した（写真69）。

信号電材

信号電材は1994（平成6）年から歩灯の製造を開始し、1996（平成8）年頃までデザインやレンズを試行錯誤した後、写真70の庇が内側でやや丸くなって取り付けられたものが製造された（量産されたが、設置されなかった県もある）。

1999（平成11）年頃には庇を外側に変更した量産型の歩灯が製造され、この歩灯は全国的にも広く出回るようになった（写真71）。

❶② 電球式（樹脂製）

1976（昭和51）年頃から❶①の金属製の歩灯に並行して、樹脂製の歩灯も製造され始めた。車両用の信号機と同様に、三協高分子が筐体を製造しているが、銘板は小糸工業、日本信号、京三製作所、松下通信工業、立石（オムロン）、住友などが付けられており、違いは基本的には銘板のみだ。なお小糸銘板のものは数が少ない。

この樹脂製の歩灯の特徴は、灯器背面の上下に5本の線が入っていることで、形は日本信号・京三の金属六角型歩灯に近い。色合いはシグナルグレーだが、樹脂製なので古いものほど黄色っぽい色に変色している。

レンズは1976〜78（昭和51〜53）年頃は色が薄く、人型が黄色っぽいもの（写真72）を使用し、1979（昭和54）年以降は色の透明度が高く、人型が白っぽいもの（写真73）を使用している。

樹脂歩灯は内陸県ではまったく設置されていないところも多いが、愛知県、兵庫県、北海道などを中心に数多く設置されている。特に愛知県では2004（平成16）年頃まで設置が続いていた。

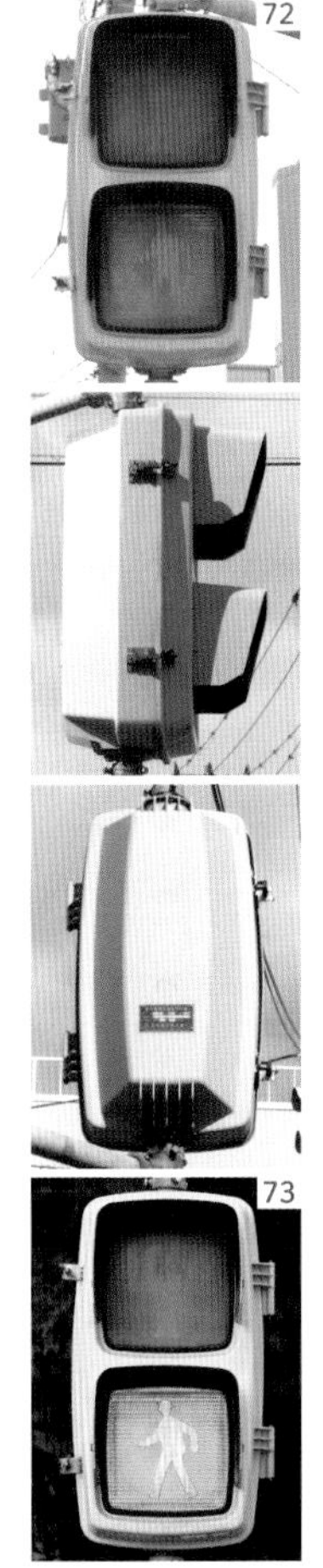

写真72　樹脂製歩灯（古いレンズ。写真は日本信号製）。背面から見ると、取付口の部分に5本の補強が成型されている。

写真73　樹脂製歩灯（新しいレンズ）

❶③ 電球式（FRP製）

車両用と同じく歩行者用にもFRP製のものがあるが、数はかなり少ない。また日本信号、京三、松下の3社のものしか確認されていない。

日本信号のFRP灯器は1976（昭和51）年頃から徳島県、鳥取県などで設置されたのが確認されており、1985（昭和60）年頃まで続いた。1980（昭和55）年以降は千葉県、兵庫県、愛媛県、愛知県などで設置された。見た目は弁当箱歩灯に非常に似ているが、色が白く、銘板にも「FRP製」と記載があるので区別は付く（写真74）。

京三製作所のFRP灯器はごくわずかで、現在は愛知県名古屋市にほんの少し残っているのみだが、見た目としては日本信号のものとまったく同じである。

松下通信工業のFRP灯器は1972（昭和47）年頃から設置されており、こちらも弁当箱歩灯に似た形だが、前面に多くのネジ留めがあり、筐体が全体的に丸っこいことから区別は付く（写真75）。

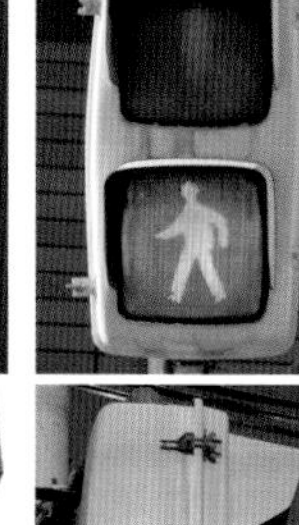

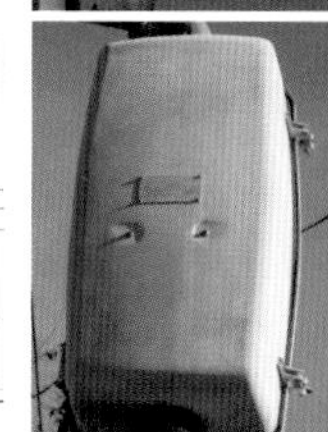
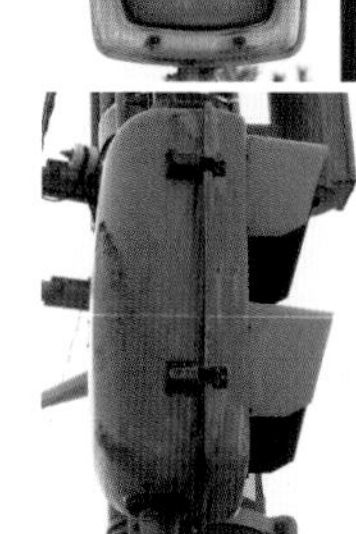
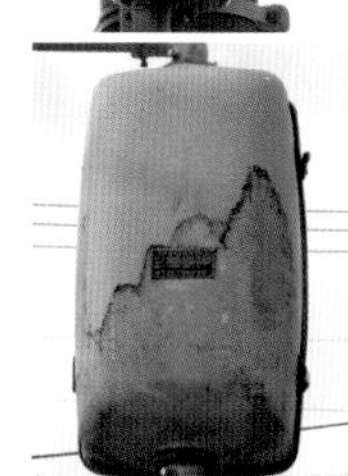

写真74
日本信号のFRP製歩灯
写真75
松下通信工業のFRP製歩灯

❷① LED式（厚型）

車両用からだいぶ遅れて、2000（平成12）年頃から歩行者用にもLED信号機が導入され始めた。初めは電球式の信号機と同じく人型が白色で、まわりが青ないし赤のカラーリングのものが試験的に設置されたが、実際に普及したのは人型自体が青ないし赤色に光るものである。LED素子は基本的に、直接は見えないタイプとなっている（写真76〜79）。

各社、電球式に使っている筐体をそのまま使用している。2010（平成22）年頃まで製造されたが、2006（平成18）年頃には❷②の薄型LED歩灯が登場し、徐々にそちらへ移行していった。

さらに車両用と同様に、2002

（平成14）年に星和電機が新規参入。歩行者用に関してもLED信号機から製造し始めた会社で、従来型のLED歩灯の形は写真79のみである。やや縦長の印象を受ける形で、2003（平成15）年頃から青森県、茨城県、京都府など一部の府県で積極的に設置された。

❷ ② 薄型LED

3社共通筐体

2006（平成18）年頃に、小糸工業・日本信号・京三製作所から薄型の歩灯が登場した。このタイプはLED専用の筐体となっており、電球式はない。3社製とも見た目はほぼ同じで、シンプルな四角い筐体となっている。小糸・京三はLED素子が見えないタイプが主流だが（写真81）、日本信号のみ初めはLED素子が見えるタイプを設置していた

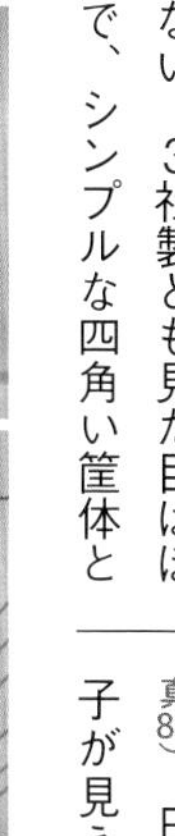

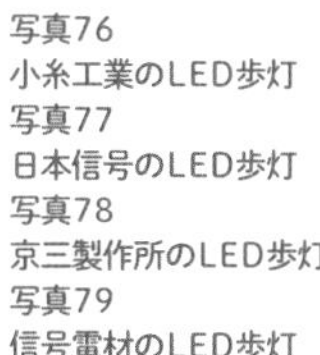

写真76
小糸工業のLED歩灯
写真77
日本信号のLED歩灯
写真78
京三製作所のLED歩灯
写真79
信号電材のLED歩灯

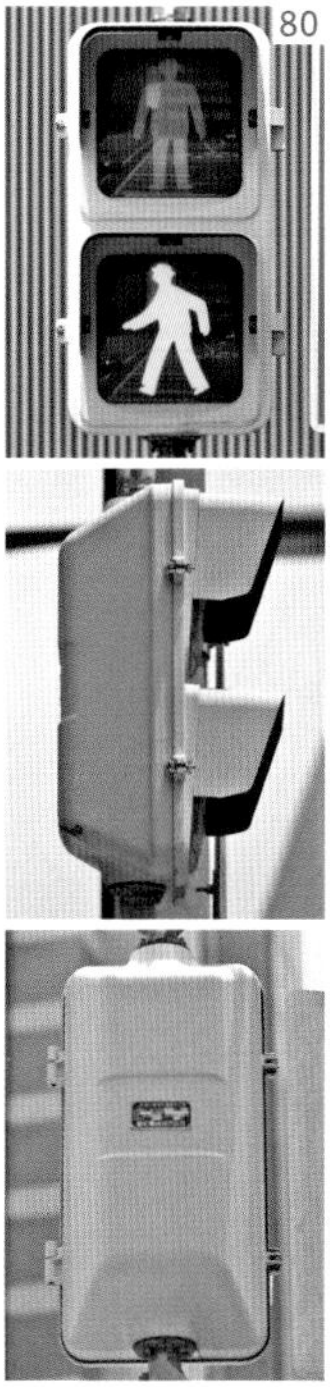

写真80
星和電機のLED歩灯

写真81
3社共通筐体の薄型LED歩灯（写真は小糸製）
写真82
LED素子が見える日本信号の初期の薄型歩灯。

（写真81）。

なお、小糸・京三の歩灯も、東京都内で設置されたものはLED素子が見えるタイプが採用されていき、逆に東京都以外でその後設置されたものは、日本信号も含めてLED素子が見えないものを基本的に採用していた（一部の県を除く）。

コイト電工

2010（平成22）年頃になると小糸と日本信号・京三でデザインが分かれるようになり、小糸は従来のおにぎり型歩灯を踏襲し、薄くした形の薄型歩灯にデザインが変更された（写真82）。現在もこのデザインの薄型LED歩灯が設置されている。車両用の信号機に低コスト型が導入されたのを期に、東京都以外でもLED素子が見えるタイプが主流となった（写真83）。

日本信号

日本信号・京三の薄型歩灯は2010〜12（平成22〜24）年まではほぼ共通のデザインで、全体的にやや丸みを帯びたデザインになった。日本信号はこのデザインの薄型歩灯を現在でも製造しているが、小糸と違いLED素子が見えないタイプが主流のままである（写真84）。

京三製作所

京三は2012（平成24）年頃にデザインが再度変更され、日本信号と違うデザインとなり、背面に漢字の「目」のような線が入ったものになった。京三が自社製造をやめる2017（平成29）年までこのデザイ

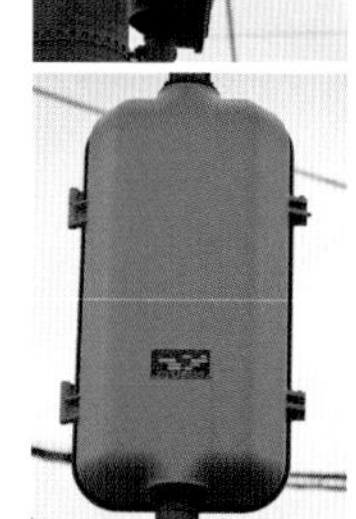
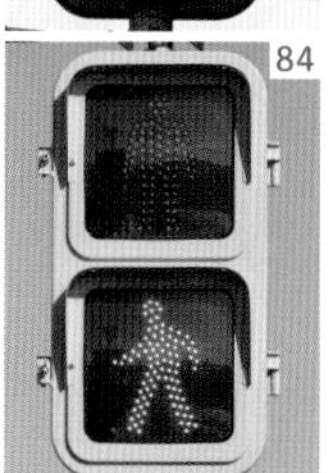

写真83
コイト電工の2代目の薄型LED歩灯
写真84
コイト電工の2代目の薄型LED歩灯
（LED素子が見えるタイプ）

写真85　日本信号の2代目の薄型LED歩灯
写真86　京三製作所の3代目の薄型LED歩灯

ンの薄型歩灯が製造された（写真85）。

信号電材

信号電材も2006（平成18）年頃から薄型LED歩灯の製造を始めており、3社（小糸・日本信号・京三）より若干早い。デザインは3社と異なり正面も背面も非常に丸っこく、背面に縦のラインが入っているのが特徴だ（写真86）。

信号電材の薄型歩灯は細かいところの変更はあるものの、基本的にこの1種類のデザインのみであり、現在もこのデザインのものが設置されている。なお2017（平成29）年の車両用信号機の低コスト型導入後は庇がなく、LED素子が見えるタイプ（写真87）が主流となった。

星和電機

星和電機も2006（平成18）年頃から他社と同様に薄型LED歩灯が製造され、青森県、岐阜県、大阪府などを中心に多く設置された。形状は従来の厚型LED歩灯を、そのまま厚さのみ薄くしたような形となっている（写真88）。

三協高分子

三協高分子の薄型歩灯は、他社とまた違った形となっ

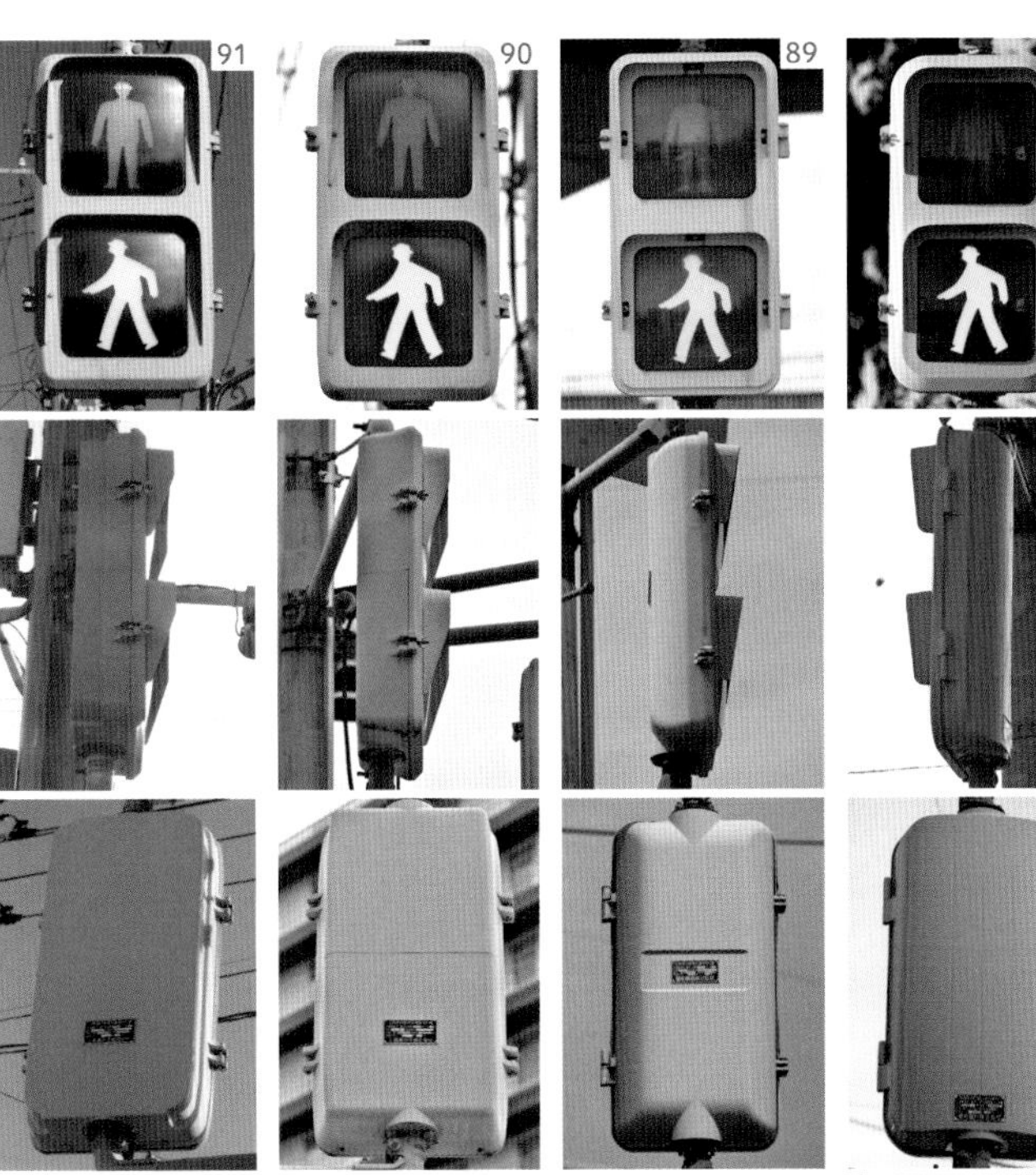

写真87　信号電材の薄型LED歩灯
写真88　信号電材の薄型LED歩灯（LED素子が見えるタイプ）
写真89　星和電機の薄型LED歩灯
写真90　三協高分子の薄型LED歩灯の背面。線が横に入っている。
写真91　筐体が一体型になった三協高分子の薄型LED歩灯
写真92　三協高分子の薄型LED歩灯（LED素子が見えるタイプ）

ている。2006（平成18）年頃からこちらも設置され始めた。2008（平成20）年頃までは、他社にはない青と赤が分割された分割型筐体だった（写真89、背面の写真・線が横に入っているのがわかる）。

2008（平成20）年以降は他社と同様の一体型となり、背面の線はなくなったが、前面のデザインはほぼ以前と変わらず。3社共通筐体ほど四角くはないが、星和・信号電材よりは四角いという中間的なデザインである（写真90）。なおこの一体型の薄型歩灯は現在も製造されており、車両用信号機が低コスト型を導入して以降はLED素子が見えるタイプが主流となっている（写真91）。

その他のLED信号機

歴史の項にてLED信号機のうち、LED素子が見える通常のタイプと面拡散タイプ、LED素子が見えないプロジェクターやレンズユニットタイプを紹介したが、LEDにはそのほか大きく分けてあと2タイプあるため、ここで紹介する。

❶TYライト（無色レンズ）タイプ

常盤（ときわ）電業という会社が製造したLEDライトを使ったタイプ。LED信号機がまだ普及していない初期の段階で、電球式信号機の青、黄、赤に着色されたレンズを無色のレンズに交換し、中身の電球をTYライトという種類のLED光源に改造したもので、北海道、宮城県、千葉県、和歌山県などで、1道府県あたり数カ所レベルで試験的に設置された。

特徴は、車両用であれば電球式信号機のように中心に丸い円（光軸と

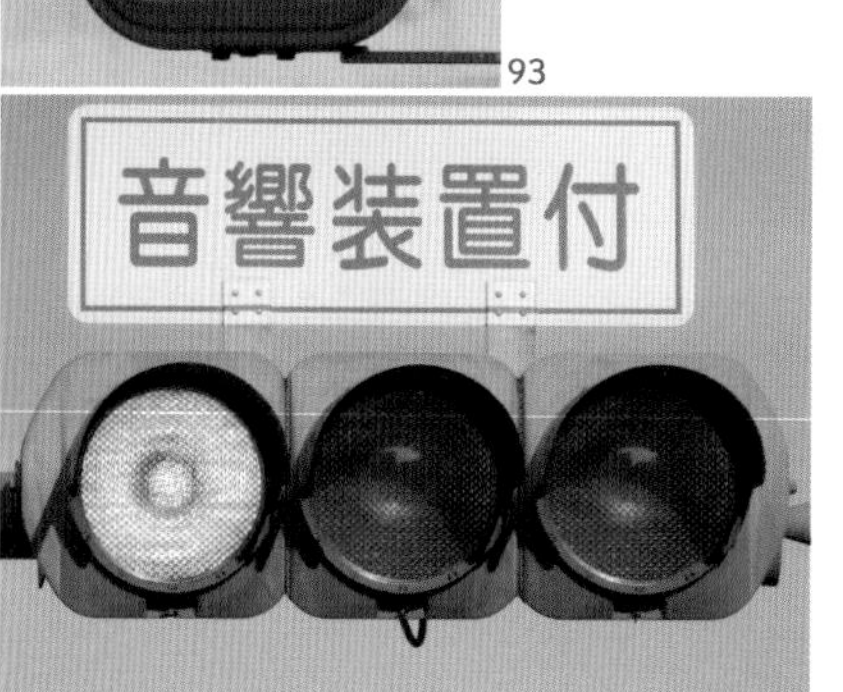

写真93　TYランプを使用した車両用と歩行者用の信号機

呼ぶ）が見えるが、電球式の信号機よりその光軸が大きいこと、点灯していないときは明るい灰色っぽいレンズであることなどだ。歩行者用であれば、通常のLED歩灯よりも中心付近がやたら明るいことが挙げられる。

日光が当たると白色っぽくなり、眩しさや見づらさをやや感じる。ちなみに青、黄、赤に着色されたレンズを使ったまま光源をTYライトにしたものも存在するが、ここでは割愛する。

❷ LED電球タイプ

こちらは電球式信号機のレンズをそのまま使用し、中身の電球だけLED電球に交換したタイプ。そのため見かけ上は電球式信号機とほとんど変わらない。ただし、車両用ならば光軸が普通の電球式信号機と比べ非常に大きいこと、歩行者用ならTYライトと同じく中心付近が極めて明るく端は暗いこと、灯火の移り変わりの反応が速いことなどで、実際に見ると区別できる（写真94）。

この中身のLED電球にはいくつか種類があるが、特に増えたのがエクセル株式会社という広島県の企業が開発した「くりくり信ちゃん」と呼ばれる種類の電球だ。この企業がある広島県では爆発的に増加し、かなりの割合の電球式信号機がLED電球化された。

また群馬県や埼玉県、徳島県、茨城県などでは歩行者用の信号機で電球のみLED電球へ交換した事例が大変多く、徳島県、埼玉県はほぼすべてがLED電球となっている。

94

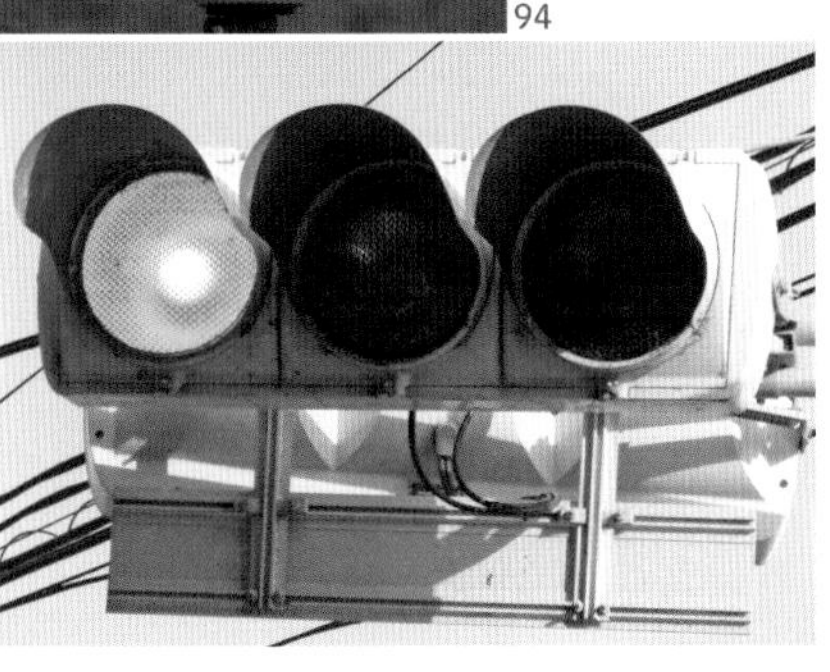

写真94　LED電球を使用した車両用と歩行者用の信号機

COLUMN

経過時間表示付きの歩行者用信号機

各地の大きな交差点で見かけることの多い経過時間表示付きの歩行者用信号機は、2005（平成17）年に東京都や神奈川県で試験的に設置され、その後徐々に一部の都道府県で普及していった。

青の経過時間の目盛りは、赤の人型の左右にあるもの（写真❶）と、青の人型の横に付くもの（写真❷）がある。また目盛りの数は、10目盛り（写真❷）と8目盛り（写真❸）がある。現在は見やすさからか写真❶タイプが全国的普及し、写真❷・❸のタイプは新たな設置もなく、少数派となっている。

ちなみに写真❸タイプはかつて大阪府で少数ながら設置され、写真❷タイプは兵庫県や新潟県などでも試験的に設置されていた。北海道ではなぜか写真❷タイプが多く設置され、他都府県が写真❶タイプに移行した後もしばらく写真❷タイプを設置し続けた。現在は写真❶タイプが設置されている。

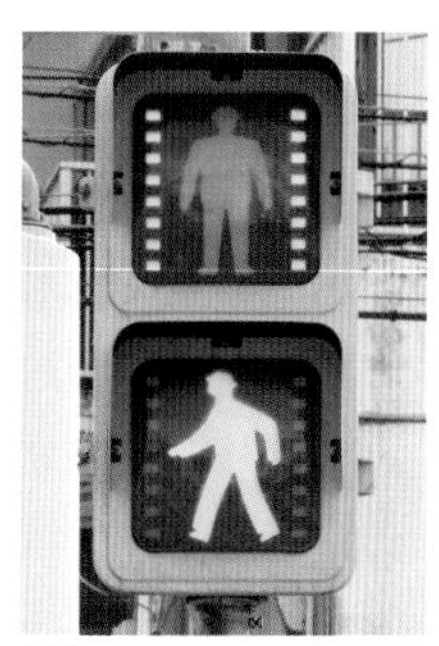
❶青の経過時間の目盛りが赤の人型の左右にあるタイプ。現在はこのタイプが全国的に普及している。

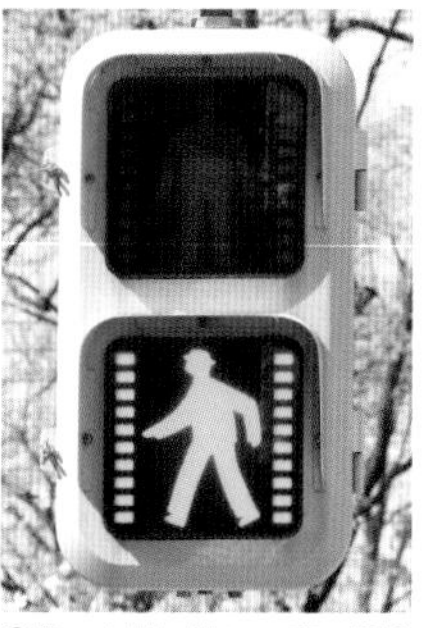
❷青の人型の横に、青の経過時間が10目盛り付くタイプ。北海道、兵庫県、新潟県などで設置された。

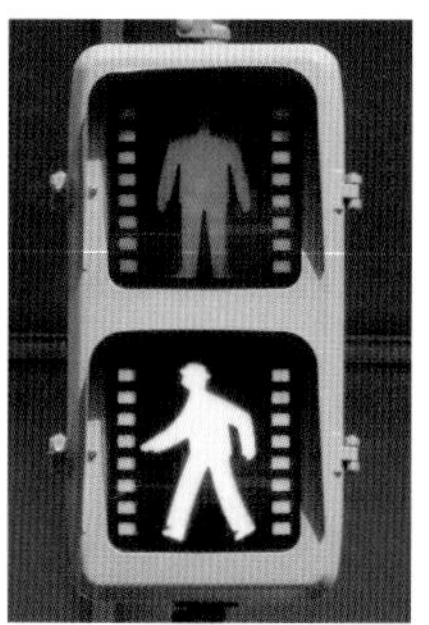
❸青の人型の横に、青の経過時間が8目盛り付くタイプ。大阪府で少数が設置された。

Chapter

3章

コイト電工でたどるLED信号機の進化

現在、製造されている信号機はすべてLEDを光源に用いており、その形状も薄くフラットなものが増えている。LEDを初めて用いたメーカーは小糸工業（現・コイト電工）といわれているが（諸説あり）、筐体を極限まで薄くし、庇をなくしたフラット型を開発したのは間違いなく小糸工業である。今回、コイト電工株式会社の本社を訪問し、見学とインタビュー取材をさせていただいた。LED信号機の進化を辿ってみたい。

取材日　2023年8月30日

Let's GO!

はじめに

WELCOME TO KOITO ELECTRIC INDUSTRIES, LTD.

KOITO

コイト電工株式会社の本社と工場は静岡県駿東郡長泉町にある。静岡県といえば、信号機マニアの間では珍しい信号機が多く残存する場所として知られ、コイト電工の所在地としてふさわしいと勝手に思っていた。三島駅から長泉町の工場へ車で向かうと、さすがにお膝元だけあって、道中の大半の信号機がコイト電工ないしは前身の小糸工業のLED信号機であふれていた。

工場に着くと、コイト電工製の信号機が早速出迎えてくれた（下）。左の信号機は現在、全国的にかなり普及しているフラット型灯器（レンズの直径が250㎜のもの）、右はサイズが一回り大きい直径300㎜のレンズを使用した薄型のLED灯器で、こちらは東京都や一部の県で、250㎜の小型灯器では見にくいと判断された大きな交差点などに設置されている（この灯器は通常より幅が狭い東京都で使われている仕様）。

歩行者用信号機は、こちらも現在広く普及している青、赤それぞれの残り時間を表示することができる薄型LEDの歩行者用信号機（LED素子は見えないタイプ）である。

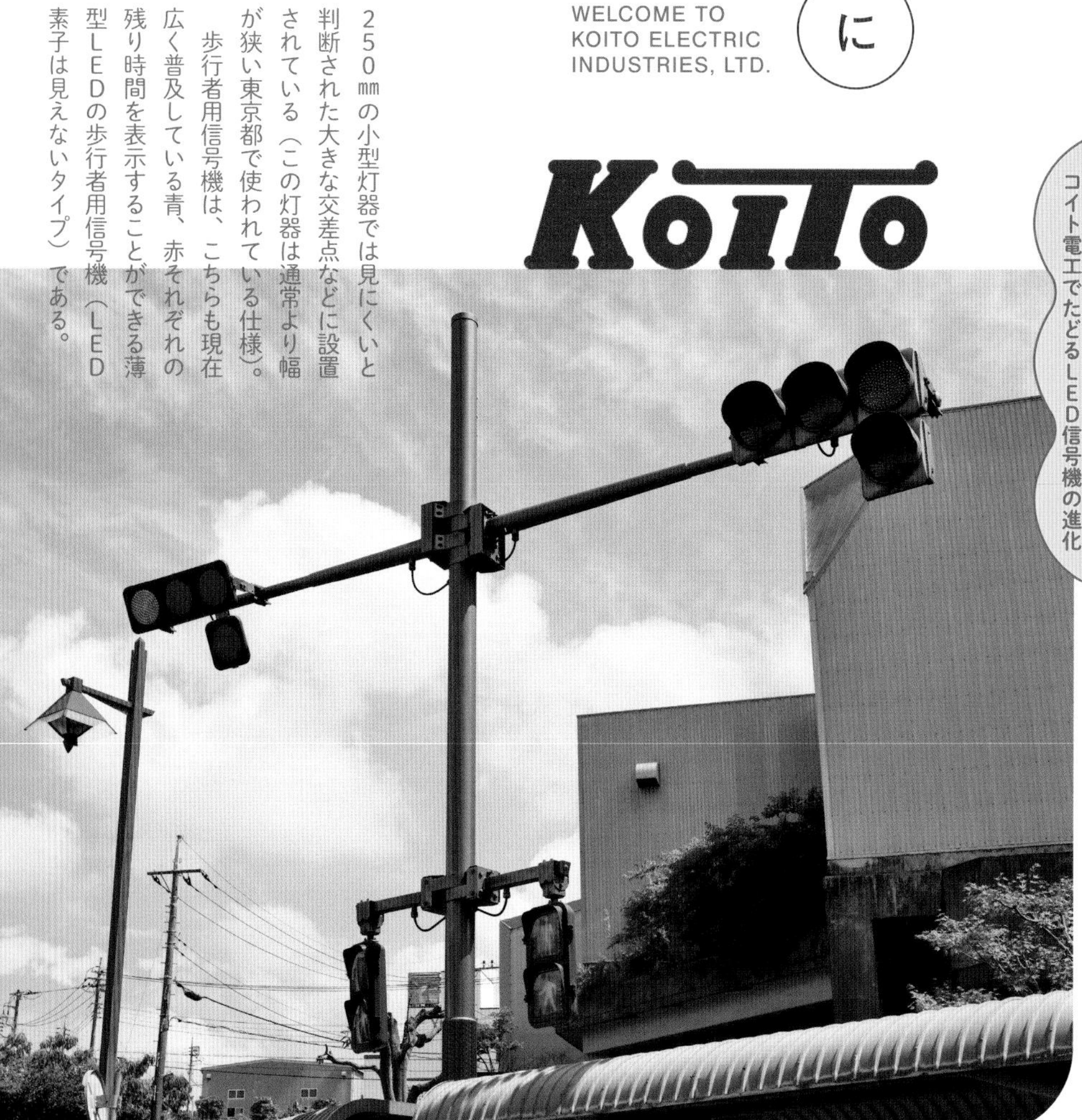

コイト電工の敷地内に設置されている信号機。写真左は全国的に普及してきたフラット型灯器（レンズ直径250㎜）。右はレンズ直径300㎜の薄型LED灯器。下には薄型LEDの歩行者用信号機も付く。

Section 1

錆びない筐体、ＬＥＤ素子、フラット型……信号機30年の進化をたどる

展示コーナーには信号機をはじめ、コイト電工の製品がズラリ。その製品群は灯具に限らない。

海沿いでも錆びない樹脂製丸型灯器

建物に入り、まず展示コーナーに案内していただいた。そして、普段は展示していない１９９４（平成6）年製の樹脂製丸型灯器（電球式）を特別に用意してくれた。

樹脂製の丸型は、鉄製と違い「錆びない」という大きな利点があるので海沿いでよく見られる。特に愛知県や北海道、青森県、兵庫県等に非常に多く設置されている。１９７５（昭和50）年あたりから平成一桁年頃まで、長期にわたって製造された（山口県には２００２〈平成14〉年製のものが例外的に１カ所設置され

下・お伺いしたコイト電工株式会社本社富士長泉工場。　左・お忙しい中、取材にご対応いただいたコイト電工の皆さん。前列右から人事総務部総務課課長の成島和子さん、生産本部副本部長の大石将男さん、後列右からIoT推進部交通課課長の渡辺将史さん、営業本部主管の中山倫弘さん、人事総務部総務課の大木正利さん。

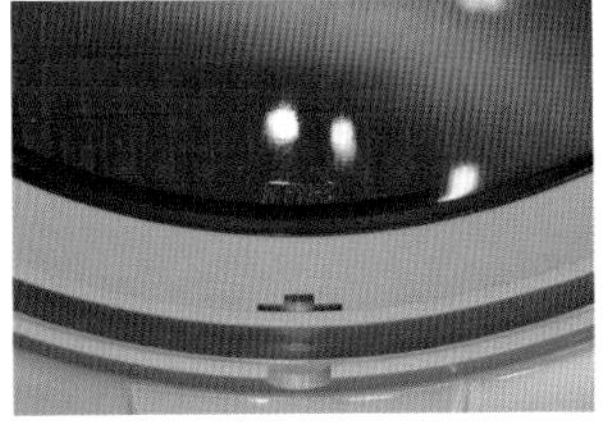

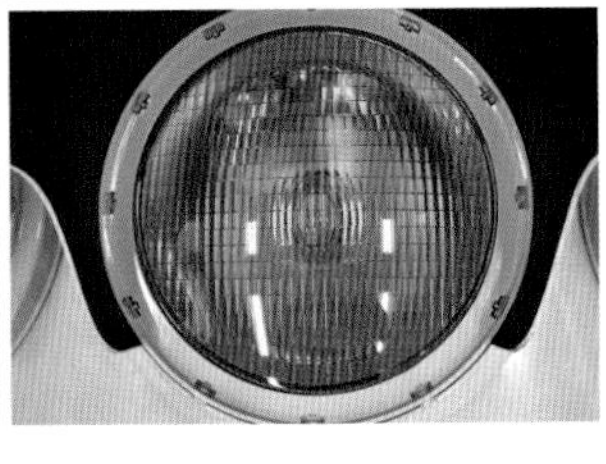

右・特別にご用意いただいた樹脂製丸型灯器。ちょうど30年前の製造だが、屋内保管なので美しい姿が保たれている。
右下・樹脂製丸型灯器のレンズ部。透明度が高く、色合いがきれいなのがコイト電工製品の特長。
左下・この世代の電球式信号機で見られたKoitoのロゴマークが、レンズの裾に小さく陽刻されている。

ている）。

展示されている灯器は1994（平成6）年製なので、樹脂製の丸型灯器としては比較的新しい部類に入り、この灯器自体は公道でもまだたくさん見ることができる。ただ、樹脂製の灯器は新しいものでも既に30年近くが経過しており、材質の特性上、太陽光が当たると黄味を帯びて変色しやすいため、公道にあるものはもれなく少し黄色がかった色となっている。

しかしこの灯器は、さすが屋内にあるだけあって新品らしいピカピカのきれいなシグナルグレーの塗色をしている。レンズも小糸工業の電球式灯器に使用されている、他社のものより透明度が高くきれいな色合いだが、この灯器はレンズ部にもまったく汚れがなく、ピカピカで眩しいくらいの状態である。また、この世代の電球式信号機のレンズには、下部にKOITOのロゴが入っている

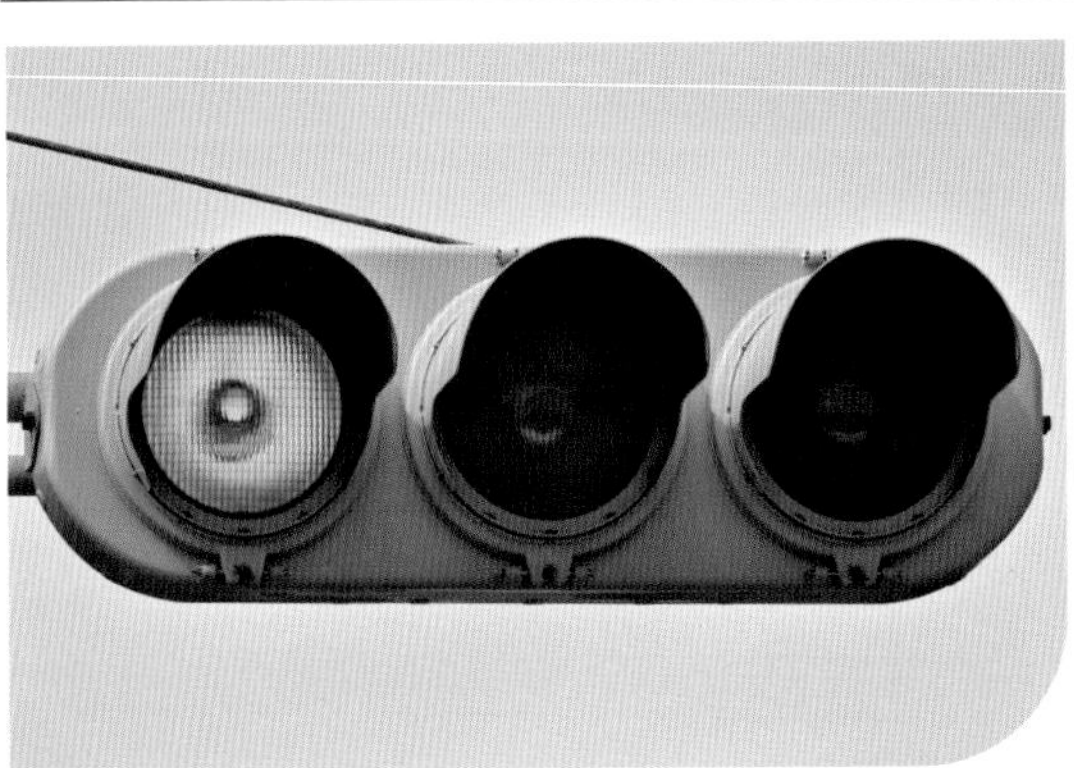

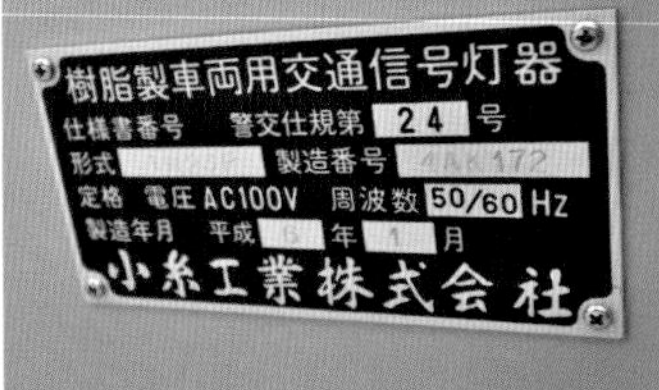

右・灯器背面に付いている展示品の銘板。仕様や形式、製造番号、製造年月が刻印されたプレートがネジ留めされている。　左・公道に設置されている、まったく同じタイプの樹脂製丸型灯器（電球式）。30年近く日にさらされて、少し黄色がかった色になっている。

1994年に徳島県に設置された小糸工業製のLED信号機は今も現役。LED素子の数は15周と非常に多い。制御機には「全国初　LED式交通信号灯器」のプレートが貼付されている。

のも見逃せない。

大きな筐体に収まる初期のLED信号機

LED信号機は、まず1994（平成6）年に徳島県と愛知県に設置された。このうち徳島県に設置されたLED信号機は小糸工業製で（2023〈令和5〉年現在も残存）、制御機には日本初のLED信号機であることを紹介するプレートが誇らしげに貼られている。

当時のLED信号機は今普及しているものよりもLEDの素子の数が非常に多く、価格もかなり高価だったようだ。また色合いは、特に青が青白い色だったのが特徴だ。当時は全国に先駆けて徳島県で普及し始めたものの、ほかの多くの都道府県ではまだまだ電球式信号機のほうが主流であった。

その後、徐々にLEDの素子の部分で改良がなされた。前述の日本初のLED信号機では、LED素子が15周配置されていたのに対し、青10周、黄・赤が11周のタイプが出始めたころ、もう一つ違うタイプのLED信号機が新たに登場した。それがLED素子が直接見えないタイプである。

それまでのLED信号機は、LEDの素子が見えるタイプだったが、

その後の改良で、LED素子は青10周、黄・赤が11周にまで減少した。

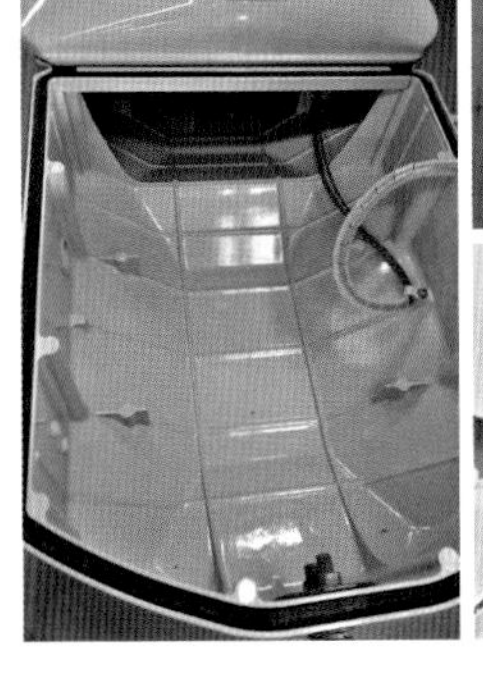

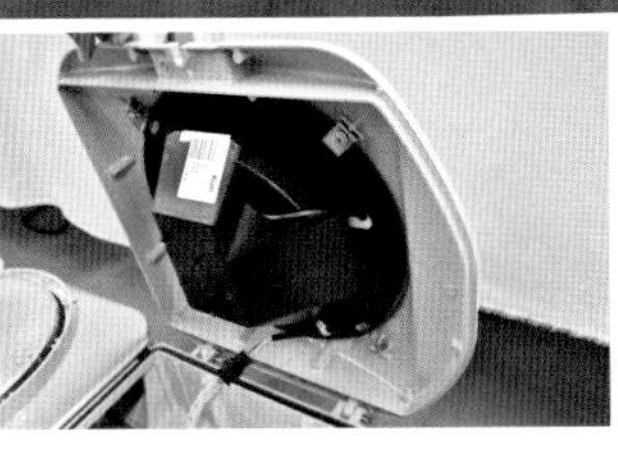

上・レンズの構造が変わり、LED素子が外から直接見えない構造になったLED信号機。基板には高輝度LEDを18個配置し、内部で反射させることで、LED素子を減らしても明るい光が得られるようにした。　右下・上の灯器の内部。電球部分は、高輝度LEDの光を内部で反射させるため、ある程度の厚さがある。　左下・筐体は当時主流の電球式と共通のため、灯器内部の余白が非常に大きく余裕がある。

新タイプはLED素子が直接は見えない構造になっている。基板には高輝度LEDを18個配置し、内部で反射させて数の少ないLED素子でも一様に明るい光が得られる工夫がなされている。

なおLEDの素子の数は、同時期の素子の見えるタイプ（10周で200個以上）に比べてかなり少ないが、そもそも素子が見えるタイプよりも非常に輝度が高く、高価なLED素子を使用しているようだ。灯器の内部を見せていただくと、LEDの基板部分や反射させる構造のため、ある程度の厚さはあるものの、灯器内部の余白が非常に大きいので、灯器自体をもっと薄くできそうなものである。

その理由を伺うと、当時はまだ電球式信号機が主流であり、LED信号機であっても同じモデルを使っていたため、特別に薄くした筐体の製造は行わなかったとのことだ。

素子が見えないタイプから素子が見える薄型に

素子が直接見えないタイプのLED信号機は採用が二分した。神奈川県や京都府のように普及した府県もあれば、まったく採用されなかった県もあった。採用されなかった理由としては、LED信号機であるため、電球式信号機よりも視認性は良いも

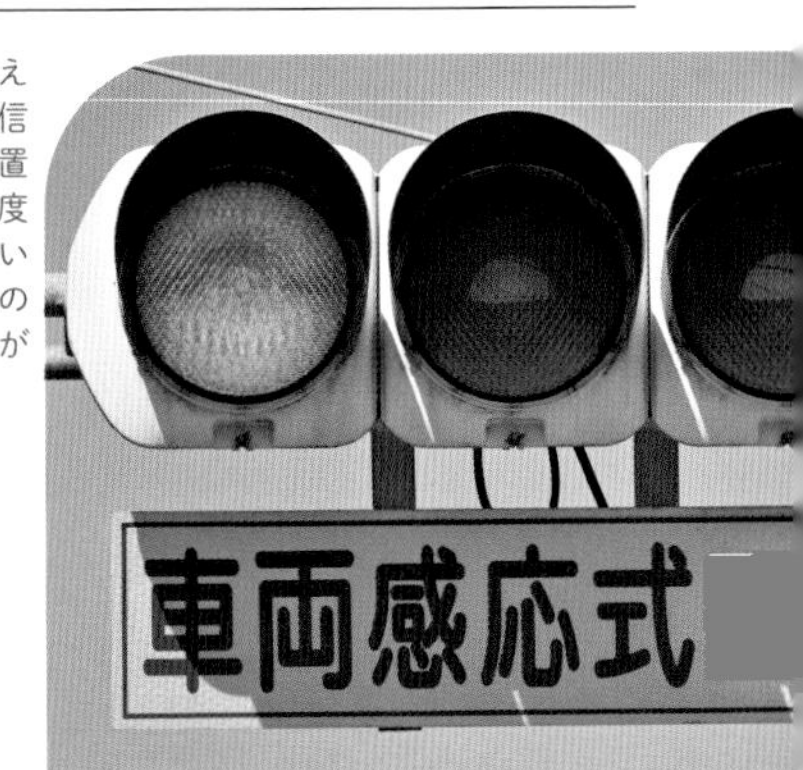

LED素子が直接見えないタイプのLED信号機の、公道での設置例。内部には高輝度LEDが18個並んでいるが、外からは従来の電球式のように素子が確認できない。

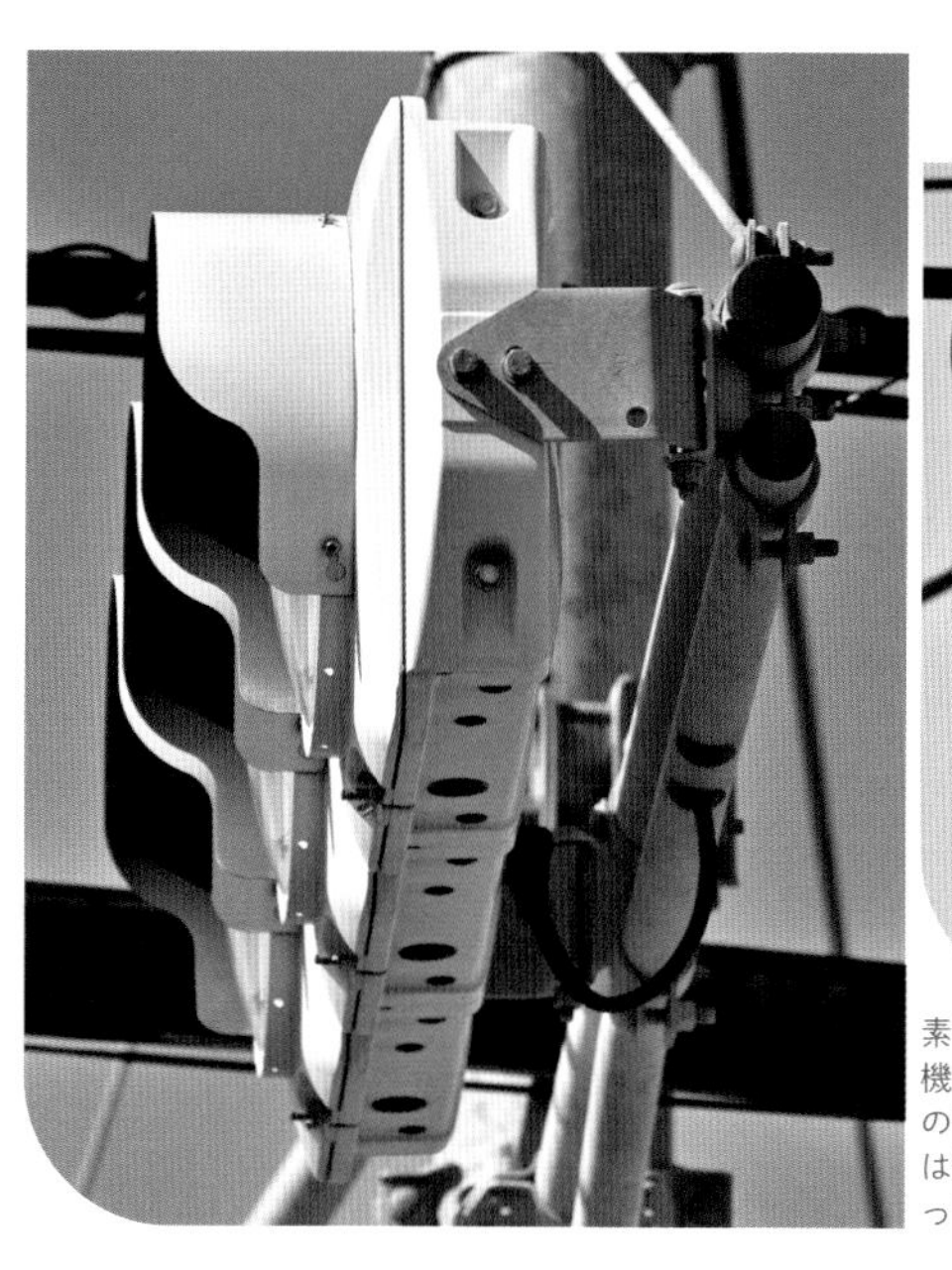

素子が見えないタイプ（上）と2004年に登場した薄型LED信号機（左）の灯器を横から見た様子。素子が見えないタイプは、従来の電球式と同じくらいの厚みがある。写真左の薄型LED信号機には短い庇が付くが、従来の長さのものもある。採用は都道府県によって好みが分かれた。

のの、太陽光が当たると白色っぽくなるという欠点が挙げられる。

また、なぜLED素子が直接見えないタイプを開発したのかを伺うと、「当時は従来の電球式信号機に見た目が近いものを、という警察からの要望があった」と意外な回答が返ってきた。

その後、このタイプのLED信号機は製造が終了し、LED素子が見えるタイプのみとなる。そして、2004（平成16）年には従来のLED信号機よりも薄く、電球式信号機とは厚さがまったく異なる薄型のLED信号機が登場した。

歩行者用信号機の素子の見え方を変更

歩行者用のLED信号機については、LED素子が直接見えないタイプが2017（平成29）年まで主流だったにも関わらず、現在はLED素子が見えるタイプが主流となっている。

その理由を伺うと「LED素子の一部が消灯してもすぐ把握できる」とのことだった。確かに、LED素子が見えない従来のLED歩行者用信号機では、どの部分のLED素子に不具合があるのか分かりにくい。

右・2017年まで主流だった、LED素子が直接見えないタイプの歩行者用LED信号機。電球時代は人型のまわりが赤く光っていたが、LED化により人型が赤く光るようになった。　左・現在の主流となっている、LED素子が見えるタイプの歩行者用LED信号機。人型を光らせるため、電球式の時代よりもふくよかにして視認性を高めたという。

Section

2 LEDのメリットを活かし根本から改良したフラット型灯器

東京ビッグサイト前にフラット型を試験設置

　展示コーナーには、最新のLED信号機も展示されており、工場前にあったものと似た組み合わせとなっている（下）。ただ、こちらは歩行者用が現在主流のLED素子が見えるタイプで、青と赤の残り時間が表示されるものとなっている。

　車両用は、上にあるのがレンズの直径が300㎜の通常の薄型LED。下にあるのがフラット型のLED信号機（レンズの直径が250㎜）で、新たな主流となり、全国各地で大量に設置されている大ヒット商品である。ここではこのフラット型LED信号機について詳しくフォーカスしていく。

　2004（平成16）年に登場した通常の薄型LEDの灯器でも、従来の電球式や薄型ではないLED信号機よりもかなり薄くなっていたが（厚さ138㎜）、このフラット型灯器はそこからさらに格段に薄くなっている（現在普及しているものは厚さ60㎜程度）。

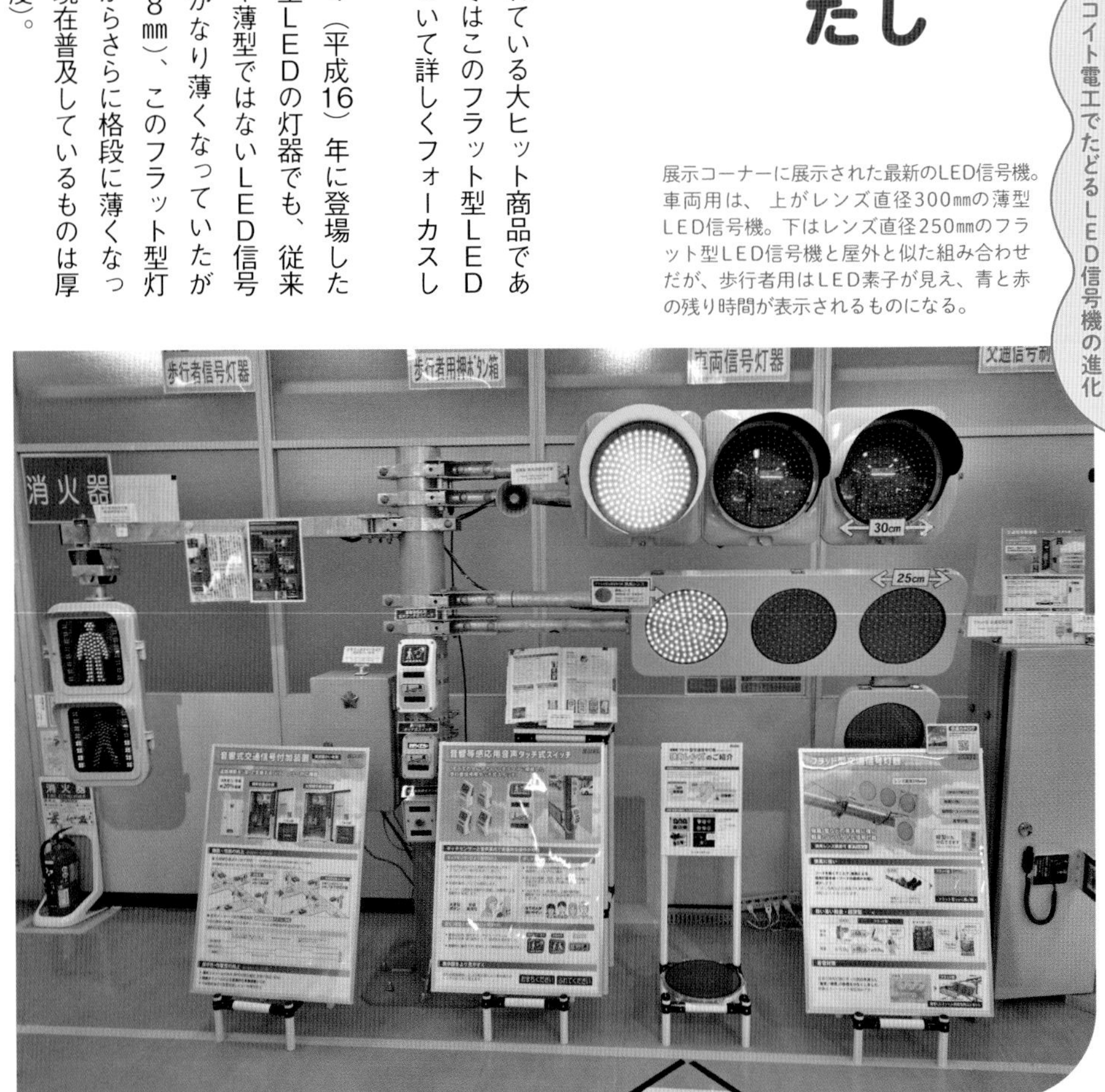

展示コーナーに展示された最新のLED信号機。車両用は、上がレンズ直径300㎜の薄型LED信号機。下はレンズ直径250㎜のフラット型LED信号機と屋外と似た組み合わせだが、歩行者用はLED素子が見え、青と赤の残り時間が表示されるものになる。

初めてこの灯器が登場したのは、東京都江東区の「東京ビッグサイト前」交差点だ。この交差点に1基だけ、2007（平成19）年に試験的に設置された。当時まだ北海道在住の小学生だった私は、実際に見ることは叶わず、他の方のホームページで写真を見たのみだったが、初めて見たときのインパクトは非常に大きかったのを覚えている。

この東京ビッグサイト前に設置されたものは、その後に普及したものと異なる点が3点あった。

まず一つは庇があること。といっても庇は相当短く、ほぼないのと変わらない程度の小さなものだった。このことを伺うと、開発当初からコンセプトの一つに庇をなくすことはあったが、一般利用者の意見収集も兼ねて、試験設置のときのみ付けたとのことだった。

二つ目にレンズ部が異なる。試験設置されたものはレンズ部の透明度が高いのに対し、実際に普及したものは灰色がかったメッシュの入ったものとなっている。このレンズの改良理由については後述する。

最後に銘板が取り付けられていない点だ。信号機の背面には、メーカーや製造年月、形式などの情報が記載された銘板が必ず付けられているが、東京ビッグサイト前に試験設置されたものには銘板がなかった。

これについて伺うと、「形状が大きく変わるような新たな信号機を試験設置したいときは、メーカー側から警察に許可を得て期間限定で設置することになっています。東京ビッグサイト前のフラット型LED信号機も、あくまでも試験設置として一時的に設置したもののため、銘板は貼っていない」とのことだった。

試験設置から本格設置へ 都道府県で異なる普及

特徴のあるフラット型灯器が大都会・東京で試験設置されたものの、こちらはすぐに撤去された。その後、岩手県、鳥取県、鹿児島県、沖縄県でも試験的に設置され、その大半がやはり試験期間が終わり撤去されているものの、岩手県岩手郡雫石町の国道46号には現在でも残っている。

ちなみにこれらの県で設置された

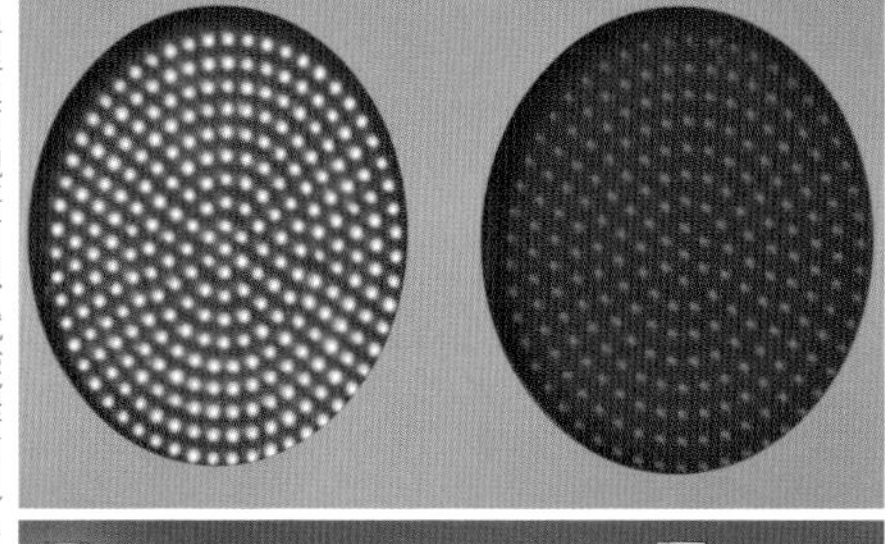

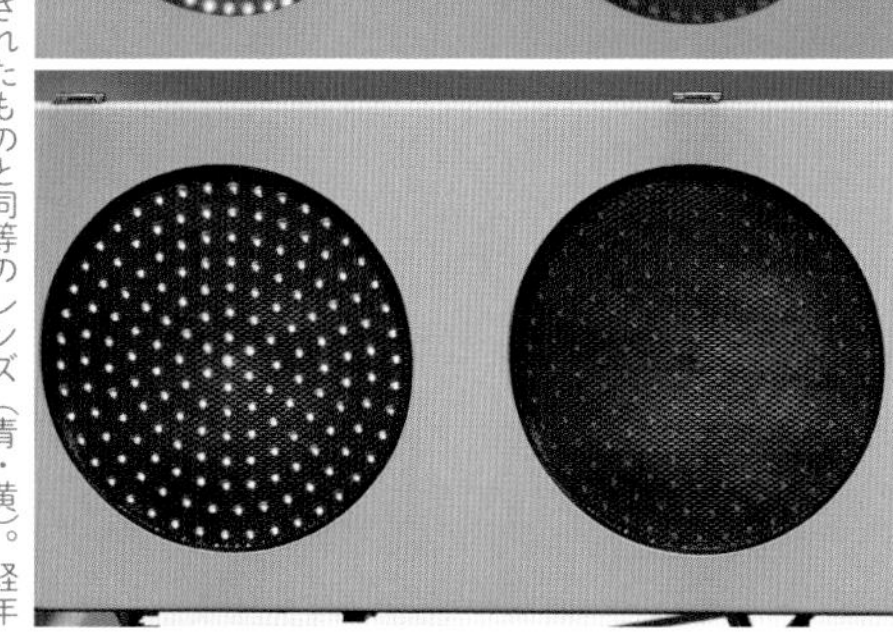

上・岩手県に現存する、試験設置されたものと同等のレンズ（青・黄）。経年でやや曇ってきているが、普及品と比べるとレンズ部が平滑で透明度が高いのが分かる。　下・実際に普及したフラット型LED信号機のレンズ（青・黄）。試作品と違い、レンズにメッシュ状の凹凸が付いているのが分かる。

中山倫弘さん
「東京ビッグサイト前にフラット型を設置し、実用性や反応を確認しました」

ものは、東京ビッグサイト前のものから庇がなくなったこと以外の特徴はすべて同じ（レンズ部は透明、銘板はなし）ものである。

その後は前述のレンズ部がメッシュがかったものに変更され、銘板も取り付けられるようになり、2009（平成21）年頃から本格的に設置がスタートした。いち早く増加したのは三重県で、2010（平成22）年11月には私の地元・北海道でも設置された。

北海道で初めてフラット型LED信号機が設置されたのは釧路市で、当時釧路市から300㎞以上離れた札幌市に住んでいた自分は、非常にもどかしい気持ちになったのをよく覚えている。1カ月ほどして同年12月には札幌駅前にも登場し、以降、広く北海道内で見られるようになった。なお、釧路市で登場したものは横型だったが、その後、北海道内で普及したのは基本的には縦型だった。

全国的にも三重県、石川県、静岡県、鳥取県、沖縄県などが積極的に採用していく一方、設置に消極的で従来の薄型LEDを設置し続けた県も多かった。当時、庇がなく、必ず傾斜をつけて設置しなくてはいけない灯器に対して、都道府県の警察によって好き嫌いが分かれていたこと

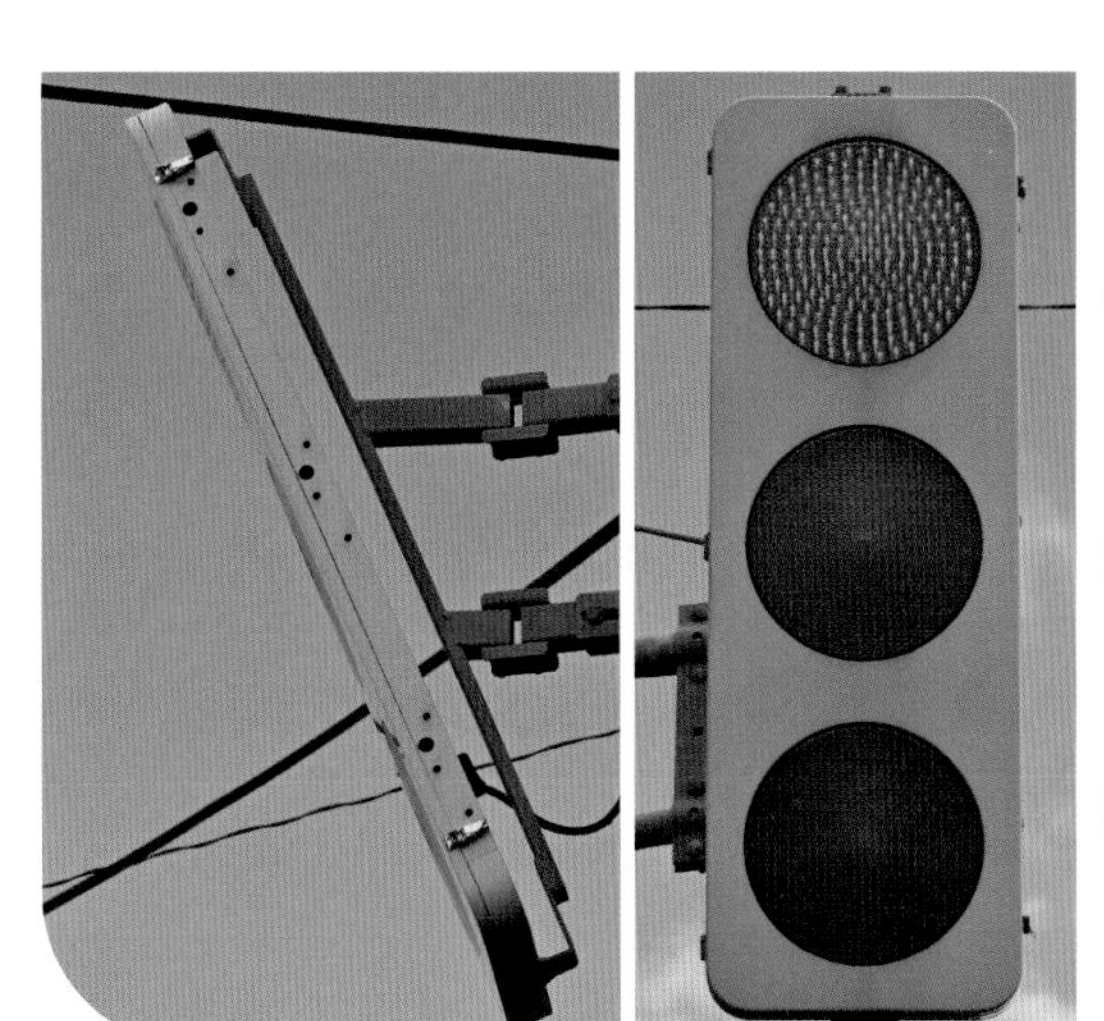

北海道函館市に設置されたフラット型LED信号機の例。道内の既存の信号機と同様に、縦型が設置された。

岩手県岩手郡雫石町に現存するフラット型LED信号機。試作品とほぼ同仕様で、レンズ部はメッシュ状の凹凸がない透明タイプ。

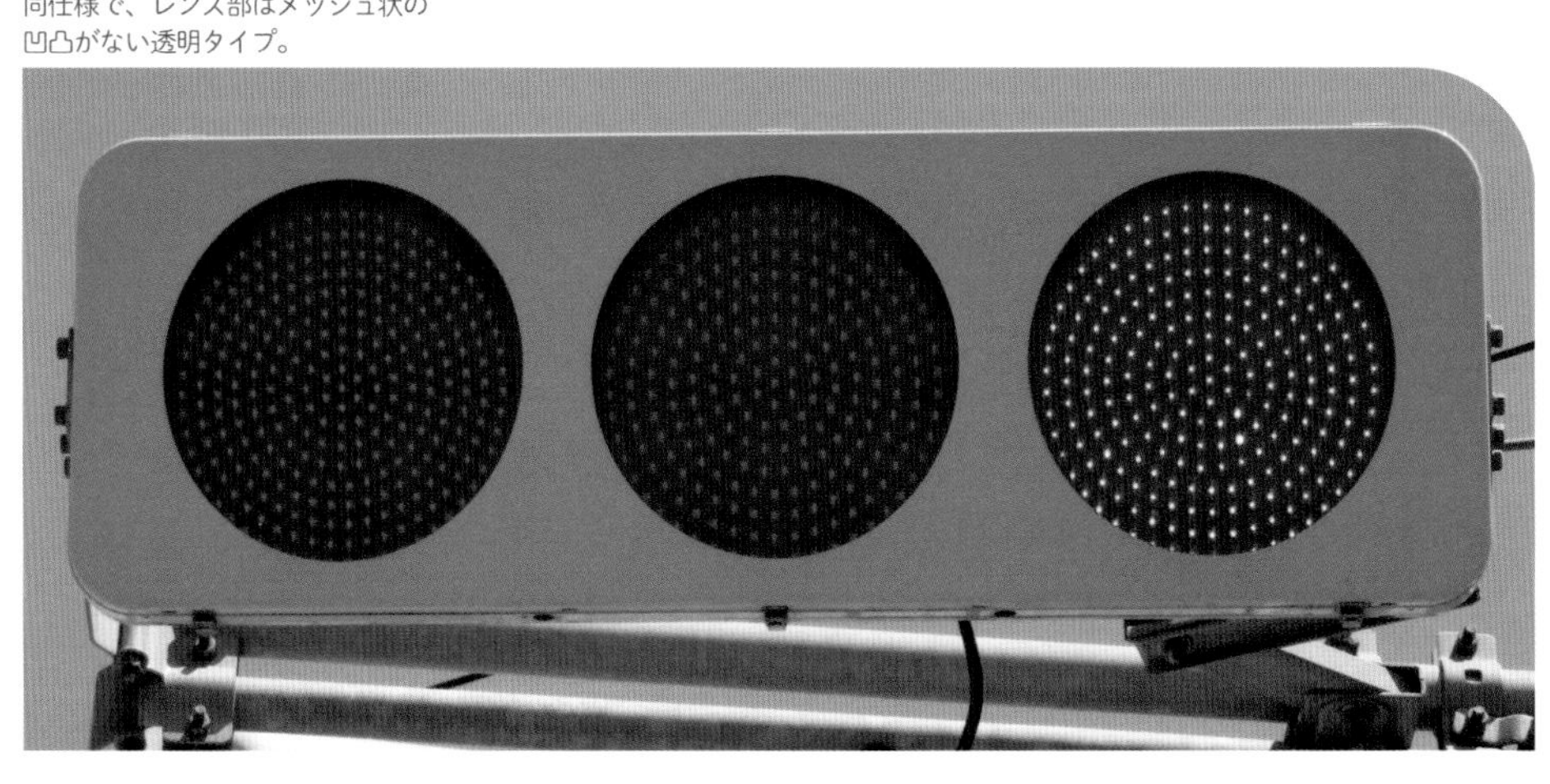

が想像に難くない。

レンズ径を縮小したフラット型が標準仕様に

2014（平成26）年にはフラット型信号機のデザインが変更された。ここまで紹介してきたものは直線が主体の形状だったが、このデザイン変更で灯器下部に窪みがあり、前面よりも背面の方がやや面積が小さい形状に変更された。

この頃になると、東北地方や北陸地方などの豪雪地帯等を中心に採用する県が増加してきた。2017（平成29）年度になると、警察庁は信号機の標準仕様を変更。これまではレンズの直径は300㎜が標準だったが、250㎜に変更された。これは埼玉県で250㎜のLED灯器を試験設置し、視認性等に特に問題ないという結果を受けたものである。

それに伴いフラット型灯器もレンズ・灯器共に小型化され、前のデザインを踏襲した形状となっている。この標準仕様の変更により、東京都と他県の一部の交差点を除き、250㎜のLED信号機のみが設置されるようになった。

コイト電工で250㎜のLED信号機はフラット型灯器のみであるため、これまでフラット型信号機を採用していなかった県も含めて、全国のほぼすべて（東京都以外）でフラット型灯器が設置されるようになった。この250㎜のフラット型灯器が現在も全国で主流であり、大量に設置されている。

直線的で無駄のない形状だった、これまでのフラット型LED信号機。

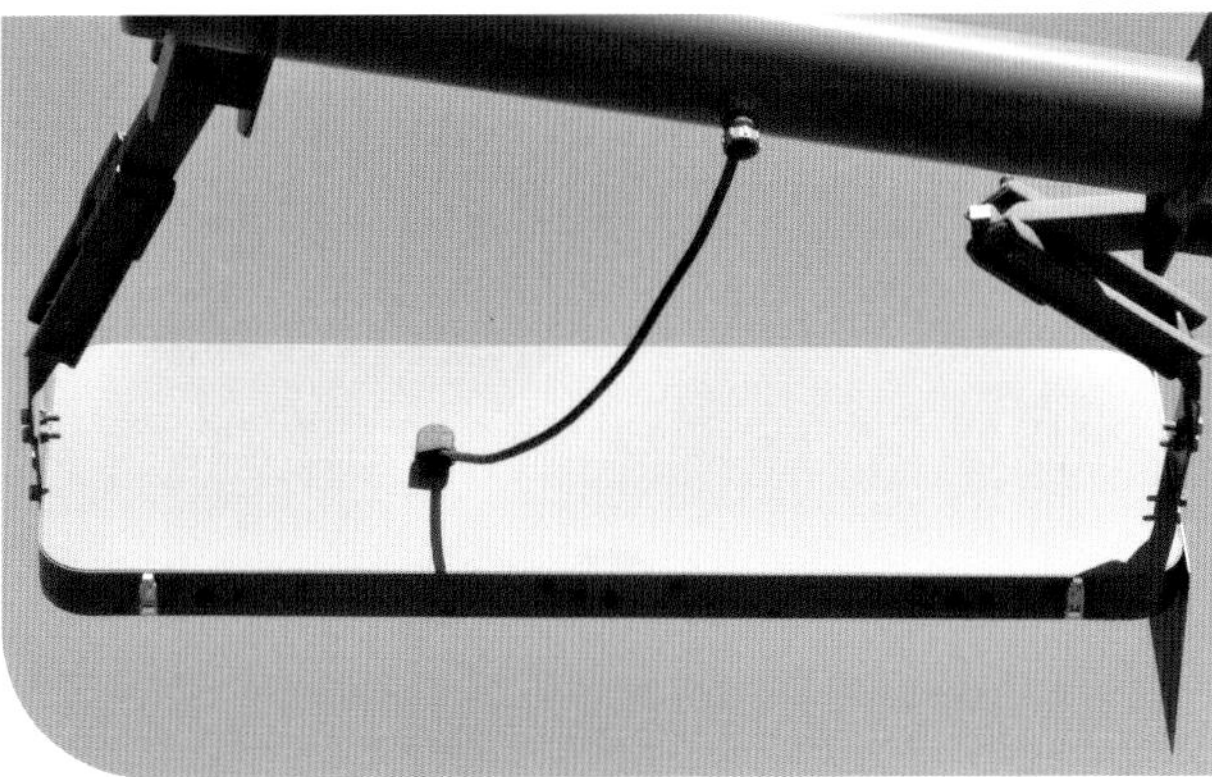

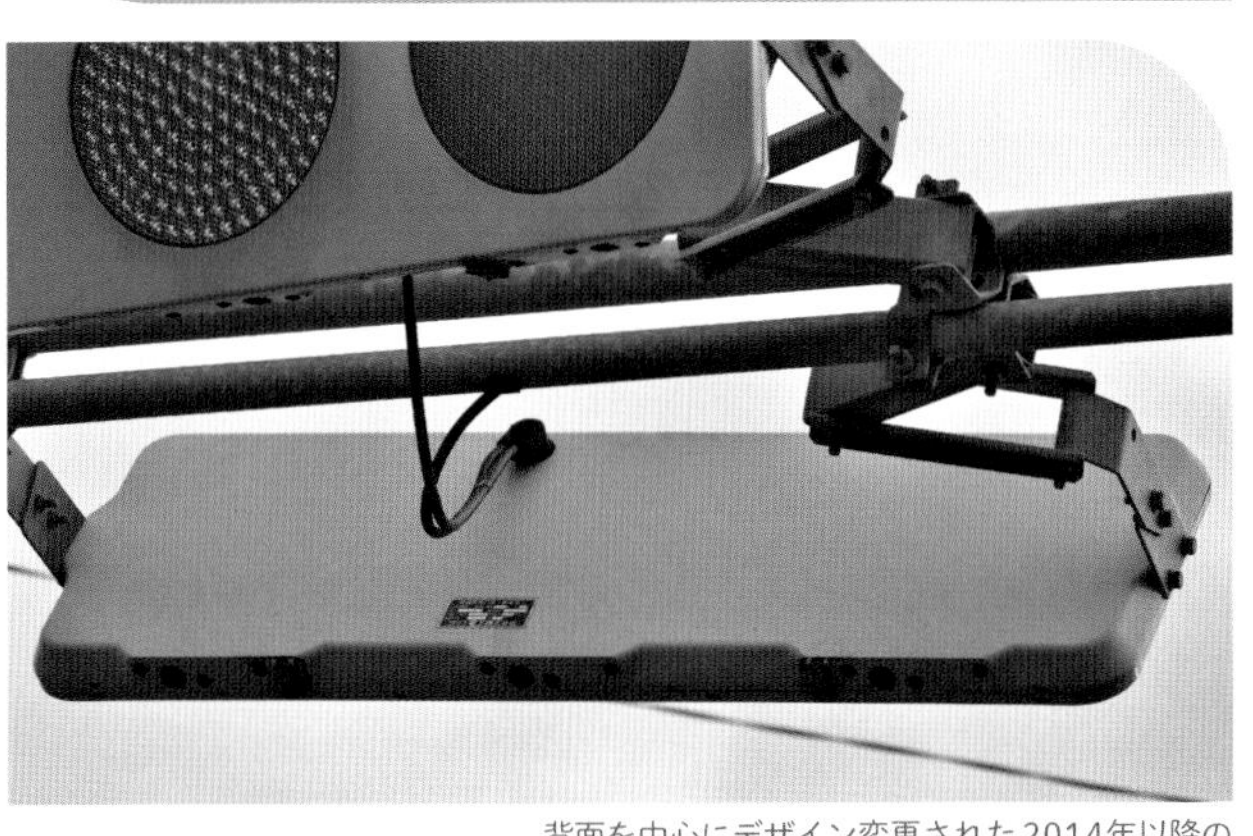

背面を中心にデザイン変更された2014年以降のフラット型LED信号機。背面が台形になり、下部と側面にはネジ留め箇所がある。

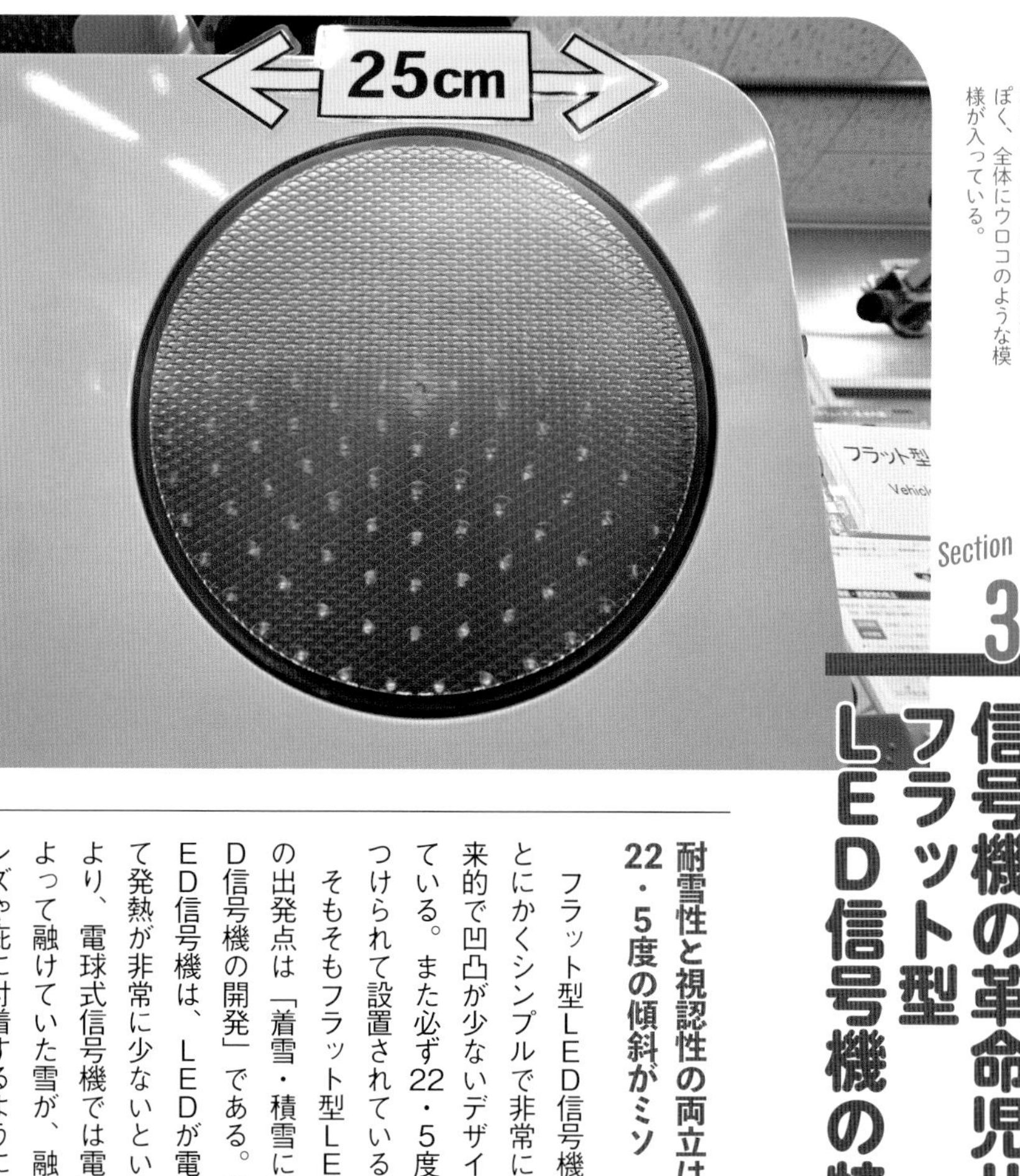

普及したフラット型LED信号機のレンズは、色合いが灰色っぽく、全体にウロコのような模様が入っている。

Section 3

信号機の革命児!! フラット型LED信号機の特長

耐雪性と視認性の両立は22・5度の傾斜がミソ

フラット型LED信号機の外観はとにかくシンプルで非常に薄く、未来的で凹凸が少ないデザインとなっている。また必ず22・5度の傾斜がつけられて設置されている。

そもそもフラット型LED信号機の出発点は「着雪・積雪に強いLED信号機の開発」である。従来のLED信号機は、LEDが電球に比べて発熱が非常に少ないという特性により、電球式信号機では電球の熱によって融けていた雪が、融けずにレンズや庇に付着するようになったという問題点があった。

そこで凹凸が少なく、また灯器自体を傾けて設置し、物理的に雪を落とす考えから、今のフラット型LED信号機のような形態となった。

レンズの部分の色合いは灰色っぽく、ウロコのような模様が入っているのが分かる。前述のとおり、試験設置段階ではもっと透明度の高いレンズを使用していたが、光学機能を追加するため、改良したとのこと。

この理由について伺うと、フラット型LED信号機は傾斜をつけて設置されるため、そのままでは信号機の灯火も下を向いてしまい、遠くからの視認ができなくなってしまう。そこで光を屈折する加工を施したレンズを用いることで、遠方からでも信号機の灯火を視認できるように工夫しているという。

この加工がなされていることから、フラット型LED信号機は「22・5度の傾斜をつけて設置して、初めて

渡辺将史さん
「雪に強いLED信号機というのが、フラット型信号機を開発する発端です」

視認性が一番良い状態になる」ということもできる。また、風や西日の対策の観点からも傾斜をつけたほうが有利なため、豪雪地帯でなくとも必ず傾斜をつけて設置されている。

庇のある信号機の例。青・赤だけルーバーと呼ばれる金網を前面に取り付け、さらに筒状に覆っている。

物理的な装備なしでも誤認を防ぐ狭角レンズ

庇がないのも大きな特徴である。現在は他社も含めて庇のないLED信号機が標準となっているため目が慣れてきたが、フラット型LED信号機の登場当初は庇がない信号機自体が破損以外では稀であり、目を引く存在であった。

そもそも信号機の庇は太陽光の影響を軽減するために取り付けられたもので、視認性が格段に向上したLED信号機においては役割は小さい。むしろ強風や積雪のデメリットが大きいため、ないに越したことはないというわけだ。

ただ、庇がなくなることで一つだけデメリットがある。それは誤認防止ができなくなることである。誤認防止とは、道路が鋭角に交差するような交差点において、自分が従うべきではないほかの道路向けの信号機

展示コーナーの薄型LED信号機は、黄・赤は短い庇だが、青だけ筒状の誤認防止の庇が付けられている。

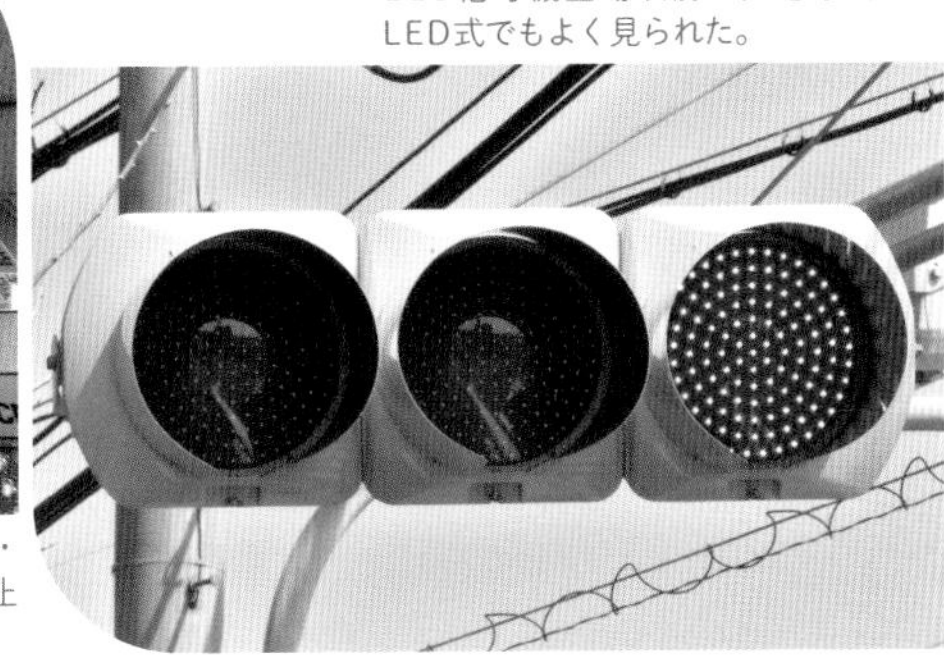
各色に筒状の庇を付けた例。フラット型LED信号機登場以前は、電球式でもLED式でもよく見られた。

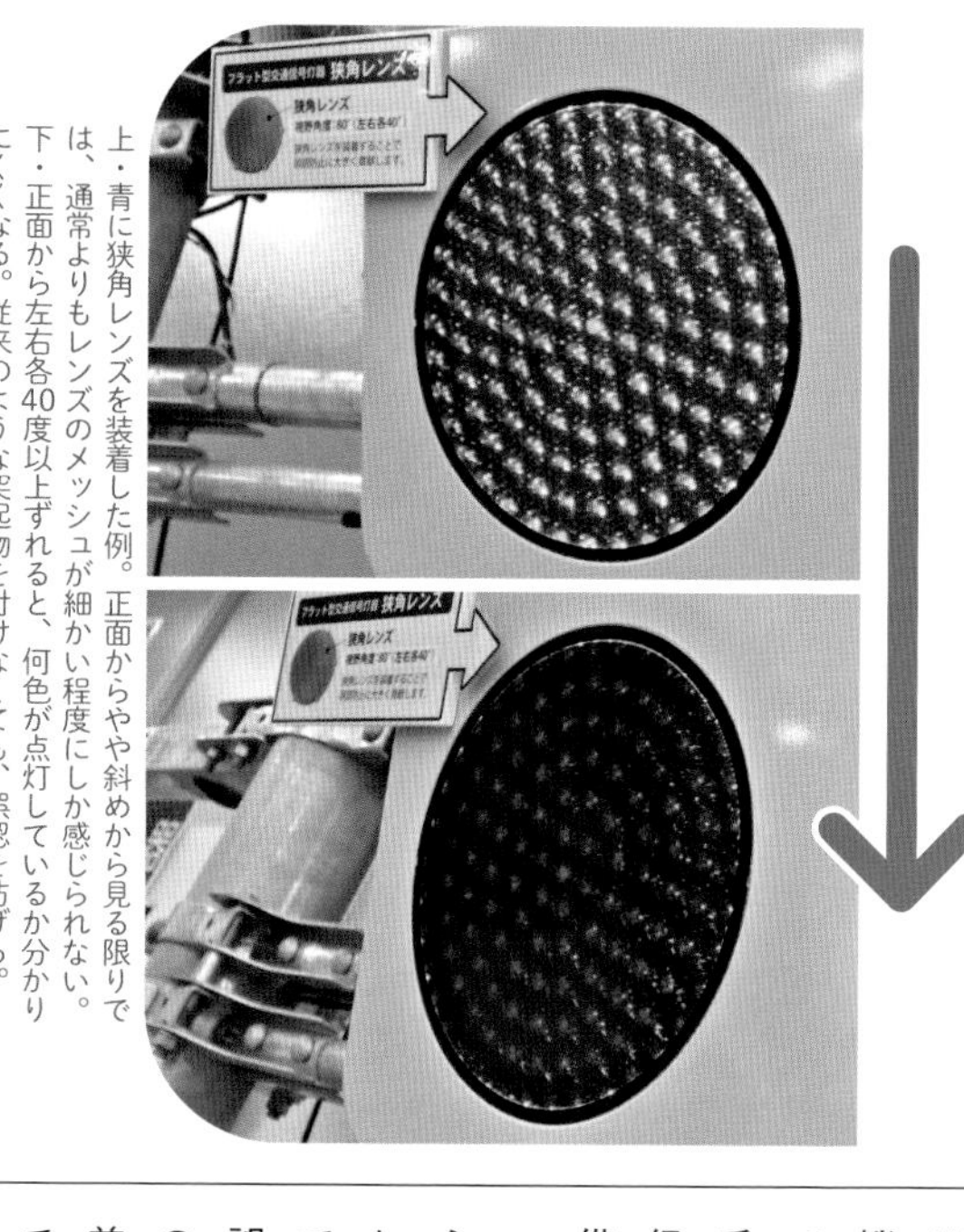

上・青に狭角レンズを装着した例。正面からやや斜めから見る限りでは、通常よりもレンズのメッシュが細かい程度にしか感じられない。下・正面から左右各40度以上ずれると、何色が点灯しているか分かりにくくなる。従来のような突起物を付けなくても、誤認を防げる。

に誤って従ってしまうのを防ぐ機能である。

　庇がある通常の信号機であれば、筒状に覆ったり、ルーバーと呼ばれる金網を前面に取り付けたりして対処していた。

　ところがフラット型LED信号機は庇がないため、斜めからでも信号機の灯火の色が見えてしまう。そこで考案されたのが狭角レンズという手法で、展示コーナーのフラット型信号機も青だけこの狭角レンズが装備されている。

　このレンズを使用すると、正面から左右40度以上ずれると何色が点灯しているか分かりにくくなり、正面ではない信号機の色をドライバーが誤って見てしまうことを防げる。この狭角レンズの機能により、鋭角交差点でも信号機の誤認を防ぐことができる。

錆びず、薄く、軽量なアルミ製の筐体

　フラット型LED信号機の材質はアルミ製で、これは通常のLED信号機も同じである。錆びることがなく、軽量な材質を使用している。現行の歩行者用信号機も、材質は同じくアルミ製だ。

　厚さは60㎜とかなり薄く、重さが9・9kgと従来の薄型LED（重量16・1kg）からさらに6割程度に軽量化が図られており、工事の際の持ち運びはもちろん、運搬・保管する際の省スペース化を図ることができる。

　通常の信号機の銘板はプレートをネジ留めしているが、フラット型LED信号機の銘板は、基本的にシールが貼付されている。これについて伺うと「着雪への影響を極力なくすため」との回答だった。

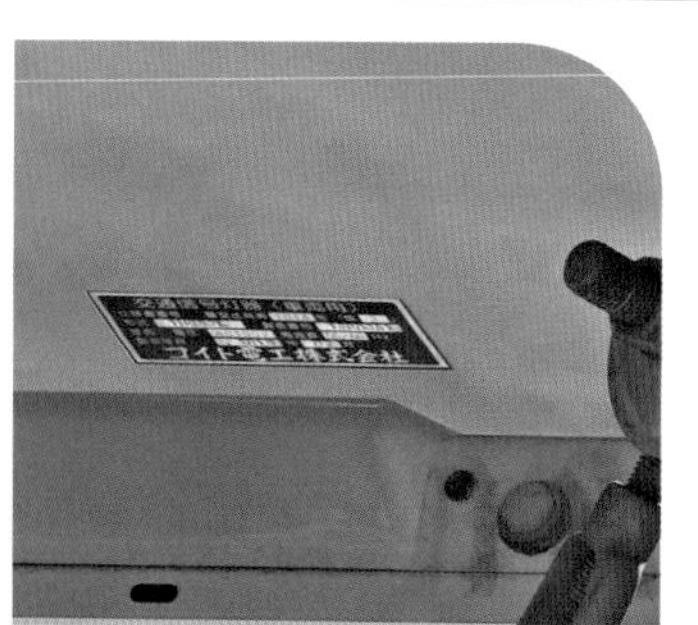
フラット型LED信号機の背面に付けられた銘板。従来のネジ留めではなく、シールが貼付されている。

Section 4

フラット型 LED信号機の製造と試験を見学

リズミカルな動きでLED素子を基板に配置

ついに実際に信号機を製造している工場へ案内していただいた。まず見せていただいたのはLEDの基板を作る製造工程だ。LED素子を充填する機械には、黒文字で「抵抗－G」「抵抗－Y」などと書かれた色テープが貼られている。GはGreen、YはYellowのことで、信号機に使われている各色用のLED素子や抵抗器が、基板に取り付ける機械に充填されていく。

充填されたLED素子は、基板上に次々と並べられていく。非常にリ

上・基板にLEDを装着する機械に充填されるLED素子や抵抗器。部品は色別に分けられている。　下・充填されたLED素子や抵抗器が、基板の上にリズミカルに並べられていく。

上・LED素子や抵抗器が並べられた基板。各LEDに配線がつながっているのが分かる。　下・完成した基板はラックに積まれて、次の工程に運ばれていく。

ズミカルな動きで見入ってしまう。こうして出来上がったLED素子の入った基板は、ラックに積まれて次の工程に運ばれていく。

その後、はんだ付けや切り抜きなどの工程を経て、シャーシなど違う部品を合わせて円形のユニットとして出来上がる。

ちなみに歩行者用信号機は、LED素子が人型に並べられるので、基板を見るだけで赤用か青用かが形から分かる。

反射防止板やシャーシも自社工場で製造

コイト電工では、シャーシや反射防止板も自社工場で製造している。シャーシはいわばLEDのケースのような役割のもので、これを基板の裏側に、表側のLED素子の上には反射防止板を付けて、LEDユニットができている。

反射防止板を成形する機械を見せ

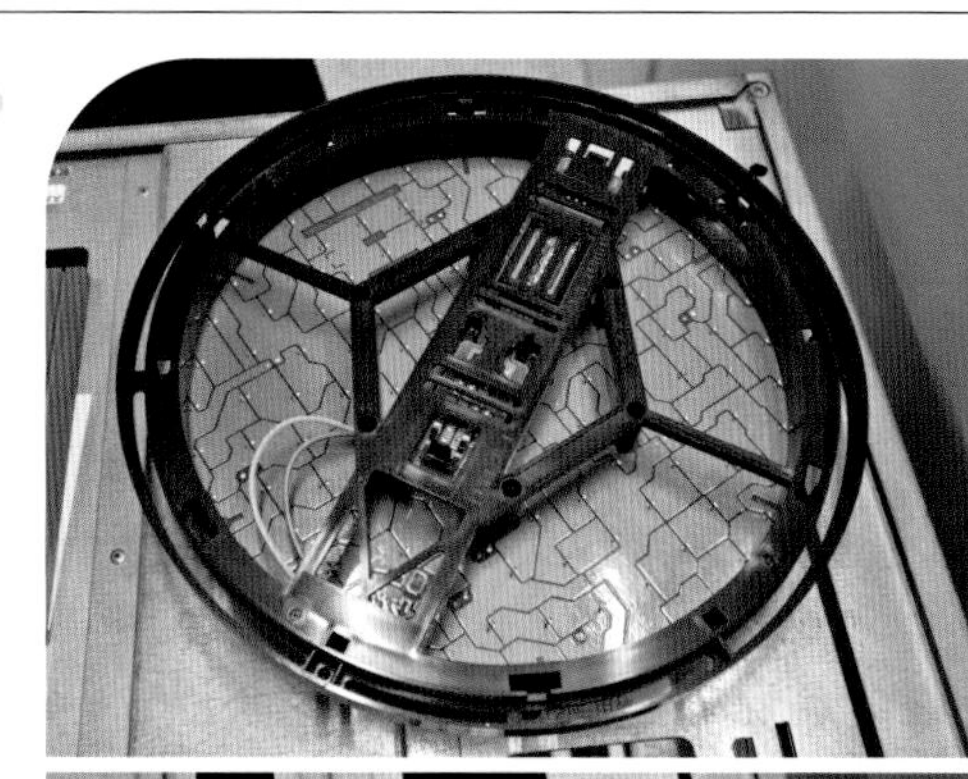

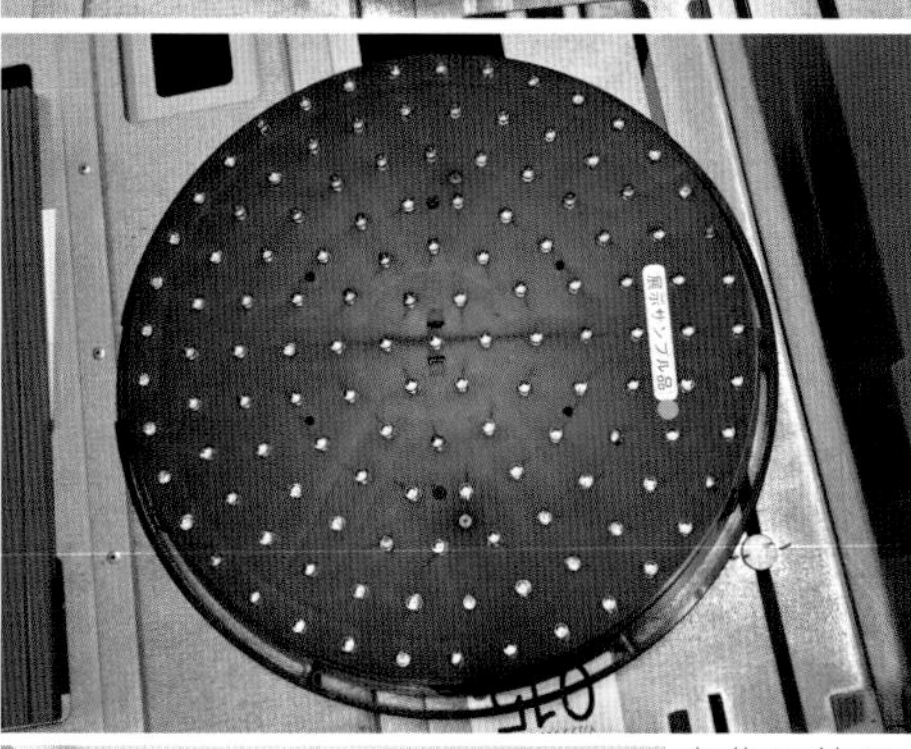

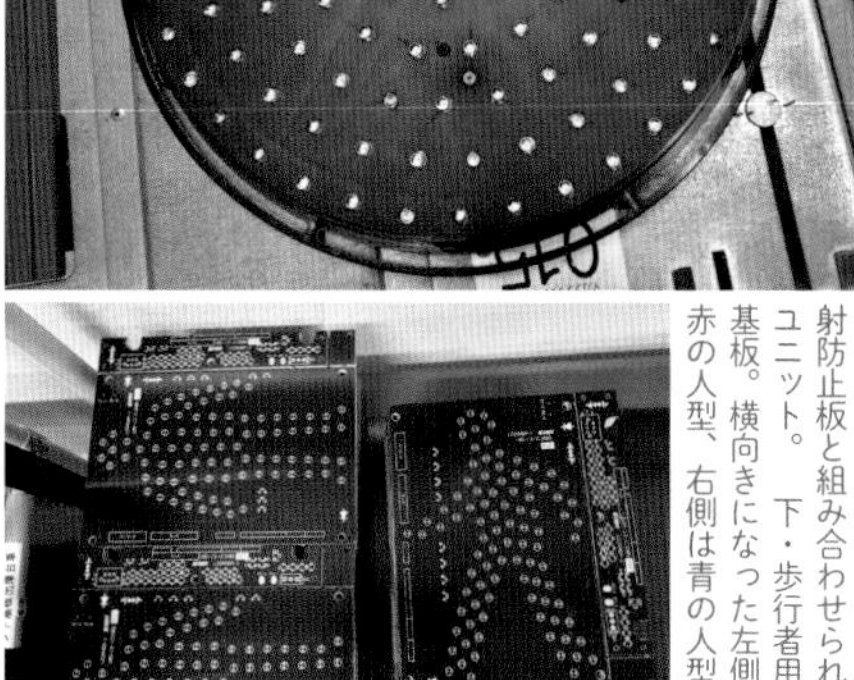

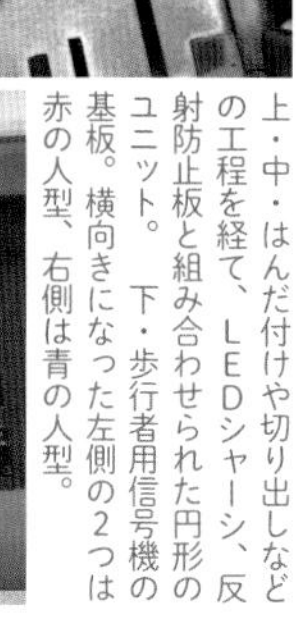

上・中・はんだ付けや切り出しなどの工程を経て、LEDシャーシ、反射防止板と組み合わせられた円形のユニット。下・歩行者用信号機の基板。横向きになった左側の2つは赤の人型、右側は青の人型。

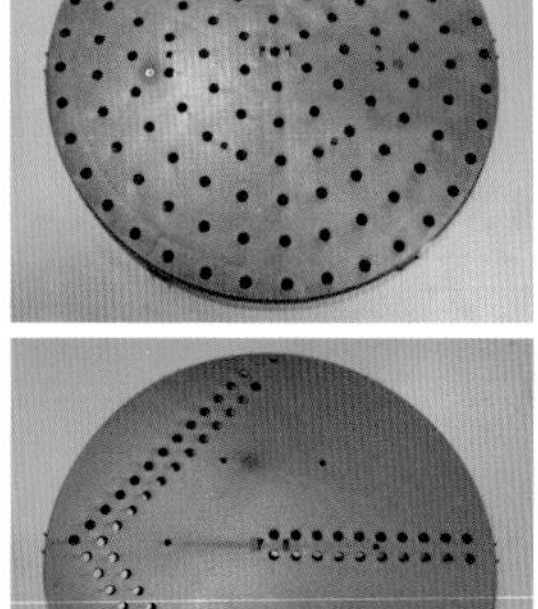

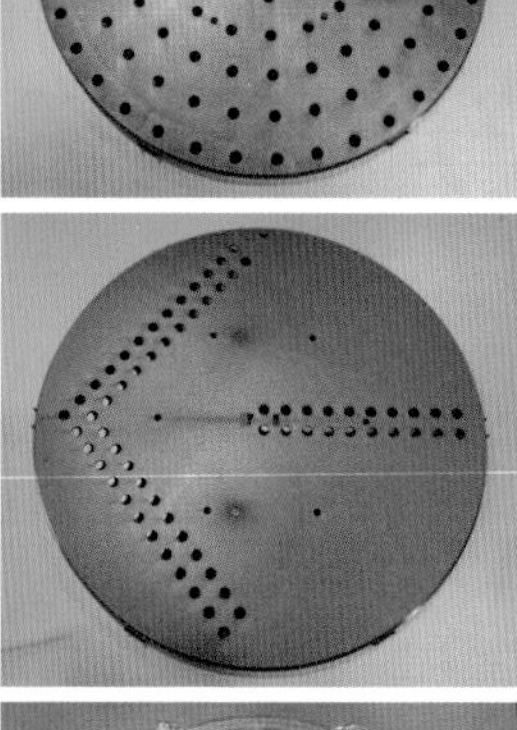

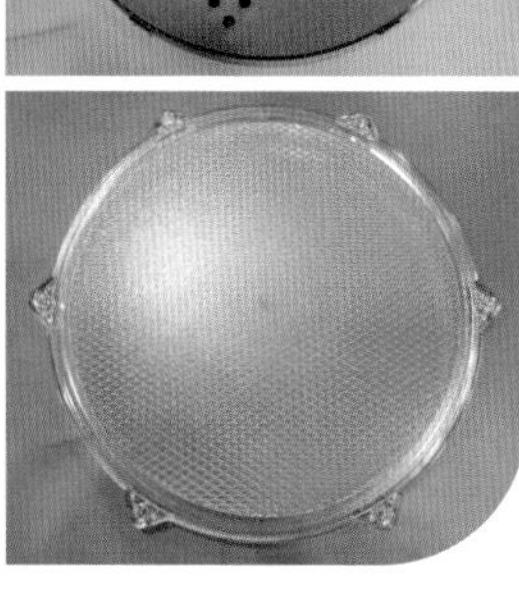

250φフラット型LED信号灯器用を構成する部品。上から基板の下側に取り付けるシャーシ、基板の上に取り付ける反射防止板、矢印の形に抜かれた矢印用の反射防止板、メッシュ状の凹凸があり、光を屈折させる機能を持つレンズ。

てもらうと、ちょうど矢印灯器の反射板を製造していた。金型には穴を開ける突起が矢印の形に並んでいて、プレス後に矢印の形が上がってくる作業は見ていて楽しい。なお、反射防止板の材質は樹脂である。

各色の点灯試験をし箱詰めして出荷へ

いよいよ個人的に一番見たかった完成直前の工程だ。でき上がったLEDユニットが所定の青・黄・赤の位置に並べられて筐体にセットされ、点灯試験が行われる。各色、できての灯器が点灯するところを見ることができた。

この後、点灯状態に問題がなければ蓋が閉められて完成となる。箱詰めされたものは台車に載せられ、自動搬送機によって運ばれていく。この機械は某レストランで使われているロボットを思わせ、某曲のなぜか鋳前の部分の音楽を流しながら、で

筐体にレンズ、LEDのユニットなどを組み込んだら、最後に点灯試験を行う。1色ずつ点灯させ、LED素子がきちんと点灯しているか確認する。

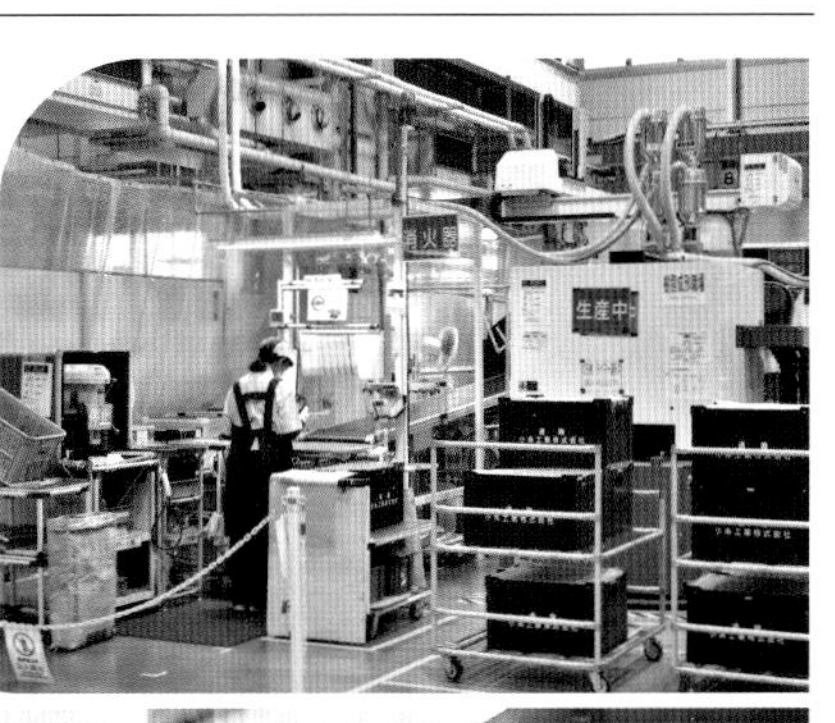

上・反射防止板やシャーシを樹脂で成形する機械。成形されると、係員の右にあるコンベアで下りてくる。　下・矢印灯器の反射防止板の金型。穴を開ける突起が矢印の形に並んでいる。

きたての信号灯器が軽快に運ばれていく。
その他、写真は掲載していないが、〝がわ〟部分の製造工程も拝見した。フラット型の筐体が大量に並べられ、通常の灰色以外にも茶色、緑色などさまざまな色の筐体が作られていた。

雨や電波の試験を行い壊れない信号機を作る

製造工程だけでなく、試験も拝見

上・点灯は手元のスイッチで切り替える。所定の性能を確認できたら、フタを閉めて箱詰めとなる。　下・台車に載せられた信号機が、自動搬送機に牽かれて運ばれていく。見ての通り、フラット型LED信号機はコンパクトだ。

防水試験では、50ミリ以上の水を吹き付け、灯器内への染み込みや作動を確認する。

させていただいた。完成品から一部が抜き出され、耐候性を検査するため大雨にさらす試験が行われる。

信号機はどんな悪天候等の厳しい環境下でも黙々と点灯し続けなければならない。そのひとつが雨であり、ここでは50ミリ以上の雨量の環境下でも耐えられるかの試験が行われる。それにしても、ものすごい勢いで大量の雨をかけられてかわいそうだと感じてしまうのは私だけだろうか。

最後に紹介されたのは電磁波の試験室である。この試験室は別館にあり、館内に入ると携帯電話などの機器類が圏外になる。試験が行われる部屋は非常に広い空間で、それでいて均一な長方形のタイルで囲まれているので妙な圧迫感がある。

ここでは日本国内で使われている広い範囲の周波数の電波を信号灯器に当てて、誤作動を起すことがないかの試験を行っている。スマホやPC等の精密機器が発達し、さまざま

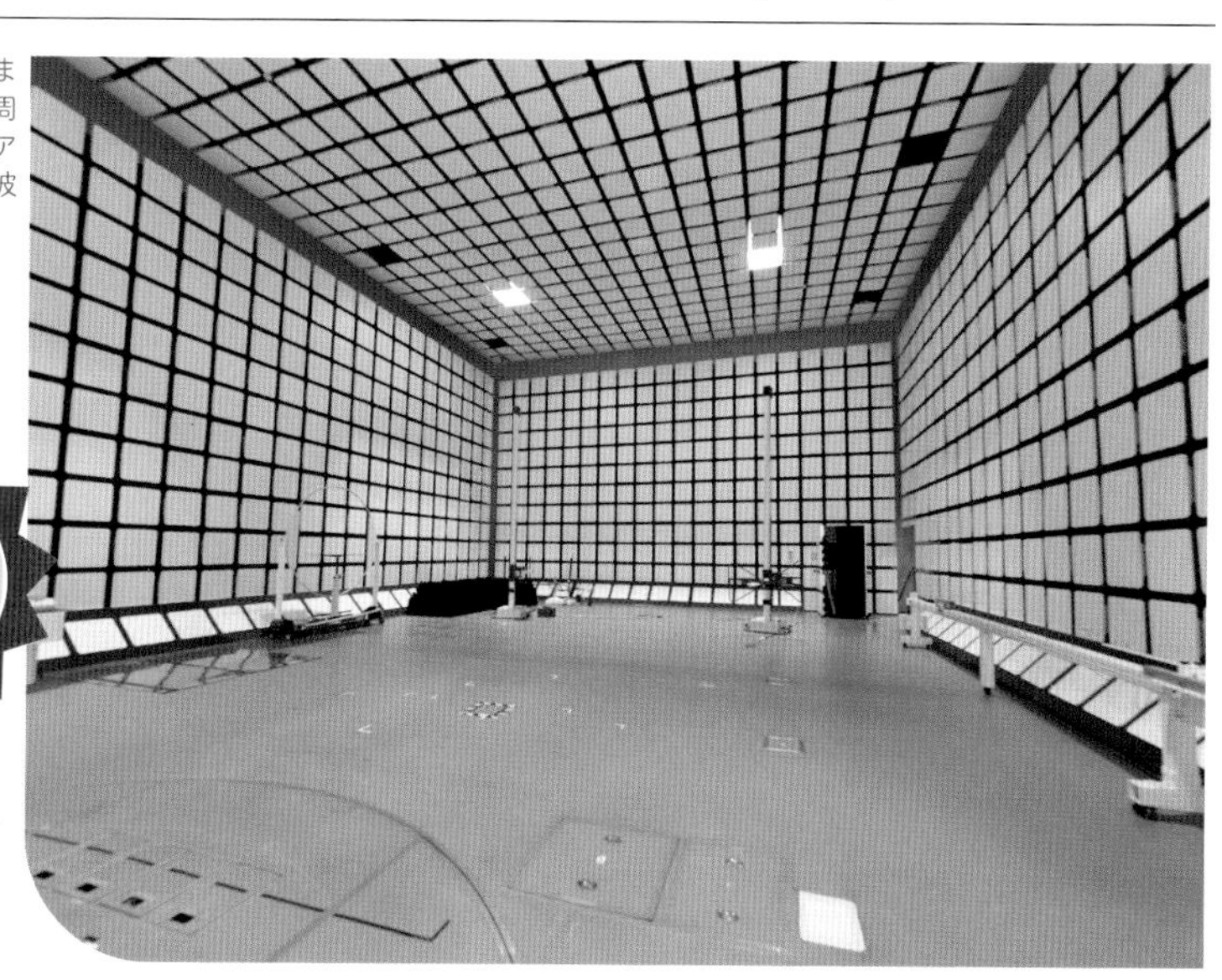

長方形のタイルで囲まれた電磁波試験室。周囲の電波をシャットアウトし、試験用の電波のみが飛び交う。

大石将男さん
「厳しい環境に耐えなければならないので、さまざまな試験を行っています」

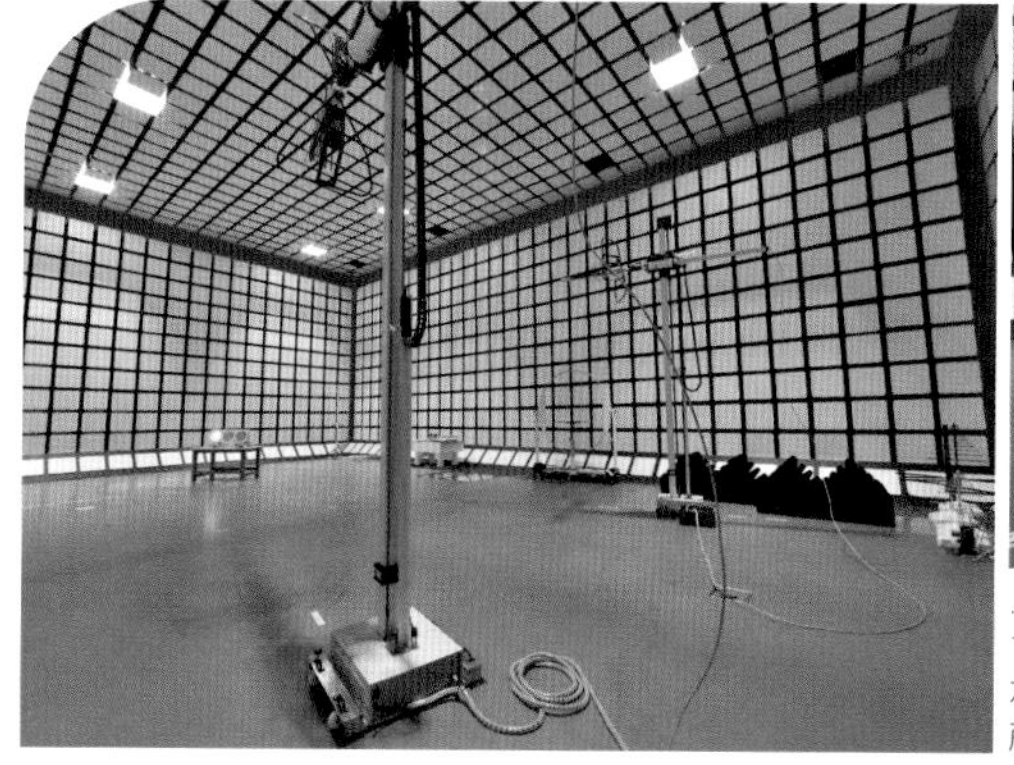

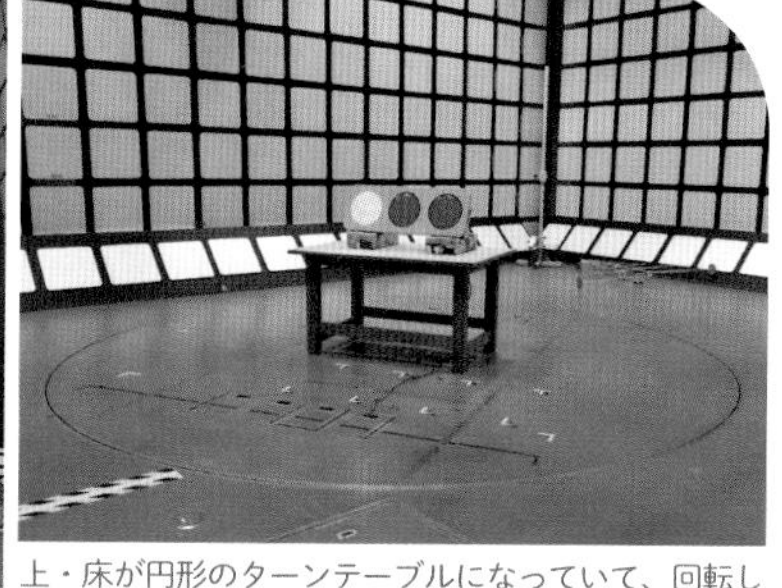

上・床が円形のターンテーブルになっていて、回転して360度すべての角度から電波を受けられる。
左・電波を発する装置は高さを変えることができ、高所・低所からの電波の影響も試験できる。

な電波が飛び交う昨今、それにより信号機が誤作動しては大事故につながりかねないので重要な試験である。

実際にフラット型LED信号機をセットし、試験風景を拝見させていただいた。それにしても机に鎮座する信号機は、通常は絶対に見ることがない光景だ。床は円形のターンテーブルになっており、これが回転して360度すべての角度から電波を受けられる。さらに電波を発する機械は高さを変えることができ、さまざまな角度、位置からの電波の影響を試験できる。

机上にセットされたフラット型LED信号機。通常は絶対に見ることがない光景で愛らしい。

終わりに

SEE YOU TO KOITO ELECTRIC INDUSTRIES, LTD.

これまで私は全国各地のさまざまな信号機を見て、写真を撮影して歩いてきた。一マニアとして外側から外見だけで信号機を見ることはあっても、内部の構造や製造工程、試験風景や製造メーカーの話などは、初めて見たり聞いたりするものばかりで非常に新鮮で素晴らしい経験だった。この日のことは一生忘れないし、一生の思い出だと思っている。ご協力いただいたコイト電工の皆さまには感謝しかない。

帰り際には素敵なクリアファイルを頂いた。非売品とのことだったが、デザインセンスが素晴らしく、ぜひ我々マニア向けに商品化していただきたい。

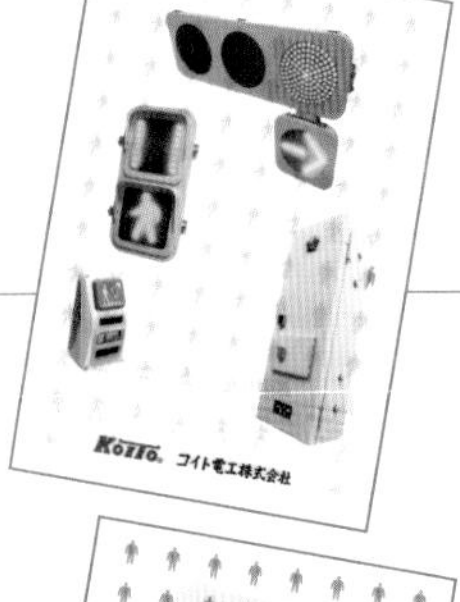

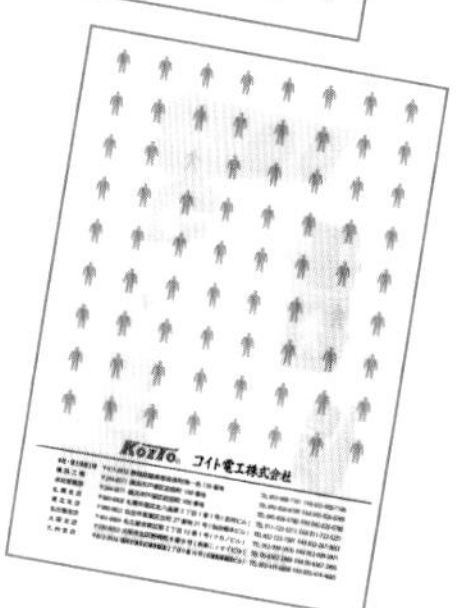

おみやげにいただいたクリアファイル。歩行者用LED信号機の人型が並べられているが、違う動きが交じったユーモアあふれるデザイン。

信号機だけじゃない！コイト電工の製品群

KOITO COLUMN

❶・コイト電工は鉄道信号灯用のフレネルレンズを国産化したことに始まる。展示コーナーにはフレネルレンズを使用した転轍（てんてつ）標識灯が展示されている。　❷・鉄道車両機器事業では、LED前照灯・前尾灯の開発・製造も手掛けている。　❸・電車の客用扉の上などに設置されているLCDモニター。カラー化、多言語化に対応し、文字や映像を鮮明に映し出す。　❹・照明機器事業では、野球場やボートレース場などのLED投光器を手掛ける。台の上にあるのが現物。　❺・ビルや塔の高所で夜間に赤く点滅している航空障害灯もコイト電工が手掛けている。LEDの普及で小型化された。

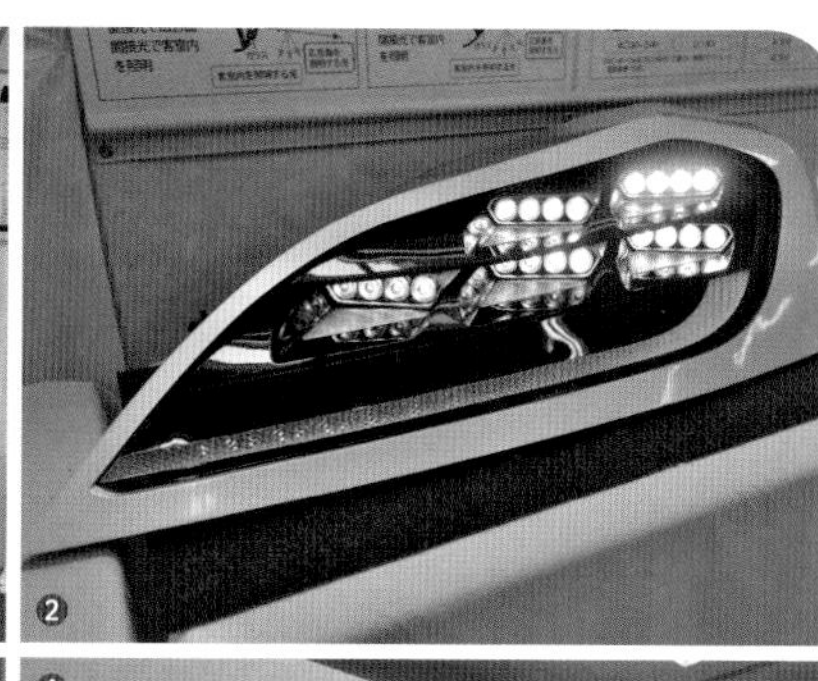

小糸製作所というと、自動車用ヘッドライトのトップメーカーという印象が強いが、元々は1915（大正4）年に小糸源六郎が鉄道信号灯用フレネルレンズの国産化に成功し、小糸源六郎商店を創業したことに始まる。同社は1936（昭和11）年に株式会社小糸製作所に改組され、鉄道車両・自動車・船舶・飛行場用の照明電気機器を生産・販売し、事業を拡大する。

その後、鉄道車両用照明器、道路用照明器、施設照明、交通信号機、車両用シートなどを手掛ける横浜事業部の営業権が小糸工業株式会社に譲渡され、2011（平成23）年の会社分割で新たに設立されたコイト電工株式会社が、これらの事業を継承した。2020（令和2）年にコイト電工株式会社は、株式会社小糸製作所の100％子会社となった。

このような経緯をもつコイト電

KOITO COLUMN

工では、信号機のほかにも交通機器や照明など、さまざまな製品を製造し、現在は以下の6事業を手掛けている。

・鉄道車両機器（LED前照灯、LCD表示器、シートなど）
・照明機器（道路照明、スポーツ施設照明、航空障害灯など）
・情報システム機器（道路情報表示システム、道路気象観測システム、道路トンネル非常警報設備）
・交通システム機器（交通信号灯器、交通信号制御機、交通情報板、パーキングメーターなど）
・住設機器（ベビーシート／ベビーチェア）
・環境システム機器（コイトトロン、温室／照明）

照明機器の中には球場のLED照明があり、撮影したときのちらつき（LEDは高速で点滅しているため、撮影すると消えて映ったりする）が軽減されているという。

❻・本文では交通信号灯器を中心に紹介したが、押ボタン箱や交通信号制御機も手掛けている。押ボタン箱もタッチセンサーやLED表示部などが進化している。 ❼・情報システム機器事業で手掛ける道路情報表示システム。信号機と同様に耐水や電波の試験も行うという。 ❽・環境システム機器事業で手掛ける、植物育成用LED照明器具。青い光、赤い光、遠赤色の組み合わせで生育用と育苗用をラインアップする。

信号機マニアはLED信号機を撮影する際、この高速の点滅による消灯に悩まされ、納得がいくまで何度も苦労して撮影することがあるが、球場用のものはテレビ映りを考慮してちらつきがしにくくなっているという。

これまで、信号機の写真映りなど気にするのは我々マニアくらいだろうと思っていたが、近年はドライブレコーダーの普及で、LED信号機の点灯している色が何色か正しく映らないといった課題も出てきている。こういった他分野の技術を応用して、信号機もさらに進化していくことだろう。

Chapter

4章

いざ、全国の信号機の名所へ

全国47都道府県の津々浦々を巡り、さまざまな信号機を撮影してきたが、その中でも特に面白いもの、または全国各地の珍しい信号機を北から南へと紹介していこう。

❶下段は路面電車用の黄↑、赤×、黄→の配列となっている。上段にはカプセルフードに覆われた灯器が3つ並ぶ。
❷路面電車が車庫に入る際に、上段の「減」の文字が点灯し、下段の右矢印が点灯した様子。

1 文字が表示される函館市電用の信号機

場所 北海道函館市駒場町14（駒場車庫前電停付近）

著者の現在の地元・函館市から。北海道では札幌市と函館市に路面電車が走っている。全国各地の路面電車用の信号機にはユニークなものが非常に多いが、函館市にも例に漏れず面白いものがある。

駒場車庫前電停付近の様子。道路の中央に函館市電の線路があり、赤い車が走っている辺りに分岐して駒場車庫に出入りする線路がある。手前の左右に矢印と×のみの信号機があり、奥に本題の文字が表示される信号機がある。

函館市電の車庫がある駒場車庫前電停付近の、路面電車と併走する道路に設置されている信号機で、通常は写真❶のように直進の黄矢印が点灯していて、ここを通過する路面電車は直進してよいことが示されている。

ところが、主に朝や夕方の時間帯に、路面電車が車庫へ出入りするときは、上にある「回」「返」「減」の文字が写真❷のようにどれか点灯するのだ。特定の短い時間しか見られない貴重な光景で、これを見たければ車庫に出入りするであろう路面電車の時刻をちゃんと押さえないといけない。

なお、ここで重要なのは、路面電車用の信号機は基本的に道路用の信号機と同じ灯器を使用しているということだ。ここにあるものも灯器自体は日本信号の薄型LEDで、文字がくり抜かれている。また上段の文字のほうには、カプセルフードという着雪対策用の透明カバーが付いているのも豪雪地帯ならではである。一方で、なぜか下段の灯器はカプセルフードも庇も付けられていない。

何の変哲もない縦型のＬＥＤ信号機。

2 嘘つき銘板

場所 青森県青森市石江江渡52-157

信号機の背面には銘板が付いており、信号機の基本情報がそこから得られることは第1章で解説した。この信号機は新青森駅に程近い、交通量の多い道路の押ボタン式交差点にある信号機である。一見、何の変哲もない縦型のＬＥＤ信号機であるが、銘板を確認すると一番上の欄に「Ｕ形歩行者用交通信号灯器」の文字……（写真❷）。どう見ても歩行者用信号機ではない！

我々信号機マニアをくすっと笑わせてしまう地味なネタである。おそらく製造時のミスと思われるが、銘板の形式欄は「１Ｖ３ＧＹＲＤＫ２」となっていて、読み解くとこの世代の車両用の縦型３灯式のＬＥＤ信号機であることが示されており、銘板のタイトルだけ違っているという不思議な間違いである。灯器の外観自体は何の変哲もなく、特に違和感のある点はない。しかしこの交差点の３基すべてが、このエラー銘板となっているのも不思議だ（写真❸）。

裏側の銘板を見ると「Ｕ形歩行者用交通信号灯器」と書かれているが、形式名はきちんとこの灯器の特徴を表している。

縦の３灯式信号機が北国らしい交差点。そしてすべてにエラー銘板が付けられている。

交通公園内にある宮城県名物の信号機

場所 宮城県角田市枝野青木155-31
（角田中央公園）……〈写真❶❷❸〉
宮城県仙台市若林区古城３丁目26-10
（南小泉交通公園）……〈写真❹❺❻〉

信号機マニアの間では牛タンや笹かまよりも、宮城県名物として知れ渡っている歩行者用信号機と車両用信号機が一体型になった信号機。宮城県内では近年、LED信号機への更新が著しく進み、9割以上がLED信号機という状況。このタイプの信号機も

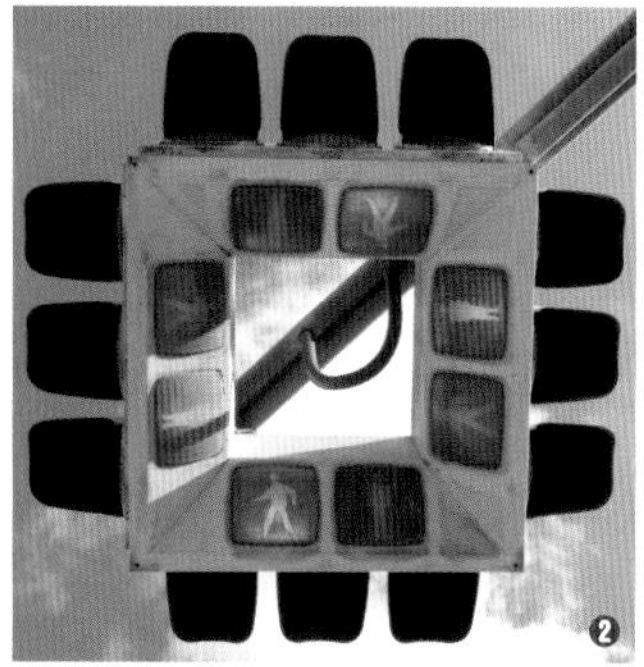

❶角田中央公園の歩行者用・車両用集約信号機。ヘンな信号機の代表格ともいえる名物信号機だが、公道上のものはこの数年で激減している。
❷角田中央公園の集約灯器を見上げた様子。公道上では難しいが、公園内なら安全に撮影できる。

❹南小泉交通公園の歩行者用・車両用集約信号機。丁字路用なので、左側には信号機がない。
❺南小泉交通公園の集約灯器を見上げた様子。自動車用は３方向だが、歩行者用は４方向に付いた珍品。

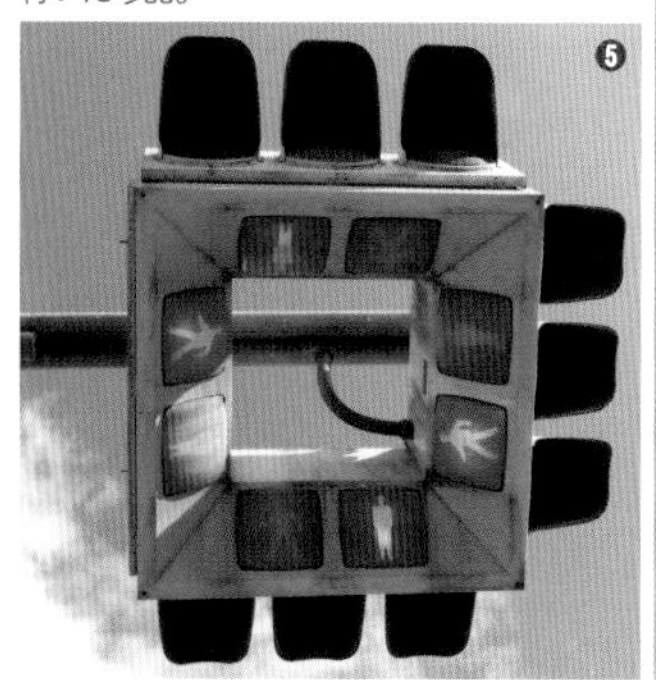

公道では残り3カ所（2024年5月現在）が奇跡的に残っているが、風前の灯であり、公道からの絶滅は近い。

近い将来、この名物信号機が見られなくなる……、と諦めてはいけない。子どもたちに交通ルールを教えることを目的とした交通公園が全国各地にあり、宮城県内にもいくつかあるのだが、なんとその交通公園内でも宮城県名物の歩行者用・車両用集約信号機を見ることができるのだ！

まず紹介する宮城県角田（かくだ）市の角田中央公園にあるものは、4方向の車両用と歩行者用を集約したスタンダードな灯器。公園内に設置されているゆえ、写真❷のように真下からのアングルの撮影も容易である（まわりの歩行者や自転車には注意しつつ撮影）。真下から見たこの灯器は洋風インテリアのようできれいである。

さらに仙台市内の南小泉交通公園にもこの集約信号機が設置されており、こちらはさらにレアな丁字路向けの3方向集約型となっていて、1方向は灯器がなく、塞がれているのが特徴だ（撮影時は歩行者用が赤青1方向だけ同時点灯しているが、どうやら故障したようで、現在は修繕済み）。

集約灯器をじっくり撮影したいならば、これらの交通公園がお勧めだ。おそらくは公道よりも長く残る可能性が高いため、公道から絶滅してもこの交通公園で集約灯器をまだ堪能できるのではと予測している。なお、交通公園は基本的に土・日曜・祝日しか点灯しないことを留意いただきたい。

❸角田中央公園の様子。交通公園の十字の交差点に設置されている。

❻南小泉交通公園の様子。向かって左側が歩道なので、歩行者用が4方向に付いているのが分かる。

防災対応型信号機

場所 宮城県仙台市泉区七北田
……〈写真❶❷❹〉
宮城県仙台市泉区泉中央２丁目
……〈写真❸❺〉

こちらは矢印灯器の設置位置に注目して見てほしい。通常、矢印灯器は青・黄・赤の3灯の下に設置されるが、写真❶〜❸の信号機は3灯の下にも上にも矢印灯器が設置されている。3灯の下に設置されているのはいずれも右折矢印で、他の多くの交差点と同じく右折矢印が赤と同時に点灯するが、青・黄・赤の3灯の上に設置されている矢印は普段は使用しない。

写真❶・❷がある交差点は将監（しょうげん）トンネルという比較的長いトンネルの北側にある交差点で、写真❸は将監トンネルの南側にある交差点である。いずれも将監トンネルでの事故や災害時など、トンネルを通行できなくなった際に点灯する矢印となっているようだ。

通常使用する矢印と有事

❶

❷

4

❶将監トンネルの北側にある交差点に設置された信号機。数字の４に見える配置がユニーク。（仙台市泉区七北田）
❷同じく将監トンネル北側の信号機。こちらは右寄せの配置。脇に「有事対策用」の表示が付く。（仙台市泉区七北田）

の際にしか使用しない矢印とを区別するために、通常使用する矢印は青・黄・赤の3灯の下、有事のとき使用する矢印は青・黄・赤の上に設置しているらしい。見た目には特に❶の信号機はデジタル数字の4のような形でとてもユニークだ。

宮城県内ではこの2カ所のほか、三陸道のインターチェンジ入口の交差点などにも同様の矢印灯器が設置されている。2023（令和5）年10月には福島県の沿岸部である相馬市と相馬郡新地町で似た用途の矢印灯器が防災対応型として設置され、そちらは設置位置は通常通り青・黄・赤の下だが、塗色は青・黄・赤および普通の信号機は通常の白色の塗装に対し、普段使わない防災対応型は茶色に塗装され区別されている。

いずれの矢印も著者は点灯しているところを見たことがないが、こういった灯器は点灯しないことが望ましい。ただ、いざもし点灯しているところに出くわした場合は冷静に対処したいところだ。

❹将監トンネルの北側にある交差点（仙台市泉区七北田）の全景。4の字に配された有事対策用の信号機が3基見える。
❺将監トンネルの南側にある交差点（仙台市泉区泉中央２丁目）の全景。正面は4の字配置の信号機だが、右側には上のみに矢印灯器が配された信号機が設置されている。

❸将監トンネルの南側にある交差点に設置された信号機。こちらも数字の4に見える配置で、灯器はフラット型。（仙台市泉区泉中央2丁目）

秋田県内の農村部にある4方向1灯点滅信号機。4方向1灯点滅信号機自体は、路地や農村部など通常の信号機を設置するほどの幅員や交通量がない交差点に優先道路を示すものとして設置されていることがあり、黄の1灯式が2方向、赤の1灯式が2方向設置されているのがスタンダードだ。

この交差点にあるものは設置方法が非常にユニークで、交差点の四つ角にある電柱からワイヤーで吊られて交差点の中央に設置されている。おそらく電柱から交差点の中央までの距離が離れており、通常のアームで設置しようとすると非常に長いアームとなり、強風等に脆弱になってしまうため、このような設置方法が取られたと思われる。

このような設置方法は静岡県で数カ所見られ、神奈川県でも1カ所事例があるが、いずれも3灯式のものであり、1灯式でこのような設置方法のものはここでしか確認していない。さらにこの交差点のものは1灯式の灯器の上に三角屋根のようなものがあり、おそらく雪を物理的に落とすために設けられていると思われる。

5 宙に浮く4方向1灯点滅

場所　秋田県男鹿市脇本富永蘇武沢

交差点の全景。信号機は4方向1灯点滅信号機とこぢんまりとしているが、交差点そのものは道幅が広く、四隅の電柱からワイヤーで吊られているのが分かる。

❶4方向1灯点滅信号機の黄色方向。灯器の上下にワイヤーがあり、信号機が吊り下げられている。
❷同じ信号機の赤色方向。灯器の上に雪よけの三角屋根があるのがかわいらしい。

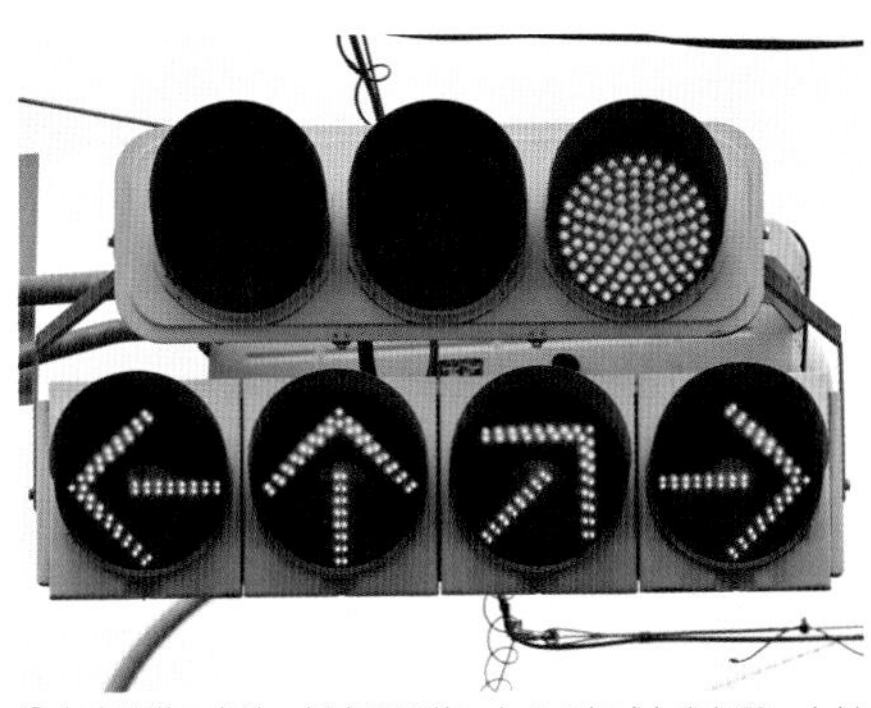

❶東武鉄道日光線の新鹿沼駅前にある４灯式矢印灯器。右斜め前を含む４方向を示す圧巻の様子。

❸宇都宮市の野高谷町交差点の４灯式矢印灯器。新鹿沼駅前と同様に４方向へ行けることを示している。

❷新鹿沼駅前交差点の全景。４灯式矢印灯器が交差点の両側にあり迫力満点！

❹野高谷町交差点の様子。国道４０８号と鬼怒通りが交差し、高架は鬼怒通り（手前）と宇都宮芳賀ライトレール線（奥）の複雑な交差点。

6 ４灯式の矢印灯器

場所　栃木県鹿沼市鳥居跡町1416-27
新鹿沼駅前交差点……〈写真❶❷〉
栃木県宇都宮市
野高谷町交差点……〈写真❸❹〉

栃木県内の五差路に設置されている4灯式矢印灯器だ。五差路となっている信号交差点は、数は多くないながらも全国各地にあると思われるが、その大半はおそらく普通の3灯式を使う場合が多く、このように4灯式の矢印灯器を使うのは珍しいと思われる（3灯式の矢印までならば全国的に多く存在する）。

新鹿沼駅前のもの（写真❶）は南側向けの1方向2基のみ4灯矢印が設置されており、サイクルとしては青↓黄↓赤↓赤＋4方向矢印↓黄↓赤と動作する。青と赤＋4方向矢印の意味合いはほぼ同じであるが、この交差点は時差式信号機であり、対向車向けの信号機が赤となり、全方向に行けることを強調するために4方向同時に矢印を点灯させていると思われる。4方向矢印が一気に点灯する迫力は圧巻だ。

栃木県には、ほかに宇都宮市の野高谷町交差点も五差路で4灯式矢印灯器がある（写真❸）。この交差点は4方向8基があり、1方向の道路以外すべて4方向矢印が付いている非常に豪華な交差点だ。こちらは複雑なサイクルとなっており、詳細は割愛するが、4方向同時点灯を確認できるのは1方向（西向きのみ）の模様である。

フラット型灯器の下に、通常の3灯と同じ青矢印灯器、そしてその横に「電車用」と書かれた板とともに黄色い矢印灯器が取って付けたように付く。

7

宇都宮市のLRT用の信号機

場所 栃木県宇都宮市　刈沼町交差点（ゆいの杜西）

2023（令和5）年8月26日、宇都宮芳賀ライトレール線が開業した。それに伴い、LRT（次世代型路面電車システム）の走る通りの信号交差点には、通常の信号機の矢印灯器に併設される形でLRT用の信号機が設置され、通常の路面電車と同じく、黄の矢印灯器が点灯する。

基本的に3灯の青矢印灯器のさらに横に、路面電車用の黄矢印が設置されている。LRTは路線距離が長く、宇都宮市街地東側を横断しているため、大量の黄矢印が新設された。

路面電車が走っている都市自体、全国でも限られているため、当然限られたところでしか路面電車用の黄矢印も見ることができない。この路線の開業により、栃木県は近年では初めて、黄矢印が運用され始めたことになる。

このような事例は非常に珍しく、信号機マニアにとっても新たな珍信号機ネタの誕生は喜ばしい限りだ。灯器は基本的にはコイト電工の低コスト灯器のようだ。

青、黄が250㎜、赤が300㎜の信号機

場所 群馬県桐生市相生町3丁目332

8

群馬県内の車両用信号機では、主に鉄製丸型の世代で青、黄のレンズ径が250㎜、赤のレンズ径が300㎜となった灯器が多く設置されていた。このような灯器はほかに栃木県や秋田県、かつては鳥取県や熊本県などでも設置されていたものの、一部の地域でしか設置されなかった地域限定灯器で非常に珍しい(通常、レンズ径はすべて同一である)。

鉄製灯器世代では、ある程度大きな道路では300㎜、それ以外は250㎜という使い分けがされている都道府県が多かったが、このような青・黄が250㎜、赤が300㎜を採用していた県では、重要な赤だけ300㎜にして目を引くように、という意図があったのかもしれない。

とはいえ、直径250㎜と300㎜の差は視覚的にはわずかなもので、目を凝らさないと赤だけ大きいことに気付きにくい。

日本信号製の鉄製丸型の信号灯器。この灯器は赤だけ300㎜と大きいうえ、青・黄は庇が赤に比べて小さいため、違いが分かりやすい。

9

山の中に残る角型1灯

場所 群馬県吾妻郡嬬恋村鎌原（鬼押出し園駐車場付近）

群馬県の山深くにある観光地・鬼押出し園の駐車場出口と有料道路である鬼押ハイウェーの本線との合流地点に設置されている1灯式の角型信号機だ（写真❸）。第2章でも記したとおり、角型信号機は昭和50年代前半まで設置されたヴィンテージ信号機である。現在、3灯式のものは静岡県、千葉県にわずかにあるのみ。1灯式のものも3灯式よりは数が多いものの、LED化や撤去により数をかなり減らしている。

この角型1灯は本線たる鬼押ハイウェー側が黄点滅（写真❶）、駐車場の出口側が赤点滅（写真❷）で、常時点滅して優先道路を示し、駐車場出口側に一時停止を促している。メーカーは小糸工業で、角型信号機としては比較的新しい1975（昭和50）年製だ。山奥の合流地点にひっそりとヴィンテージ信号機があるのも趣がある。

❶鬼押出し園の駐車場付近にある角型1灯信号機。写真は黄色点滅をする鬼押ハイウェー側。

❷鬼押出し園の駐車場側は赤色で点滅する。

❸1灯信号機でよくある4方向を向いたものではなく、まさに本線との合流地点に設けられている。角型1灯であるだけでなく、その設置方法もユニーク。

10

矢印のみ点灯する信号機

場所 千葉県茂原市茂原517

茂原市街地の十字路にある信号機だ。この信号機がある道路の直進方向は一方通行の出口となっており、信号機の示す側からの直進が禁止されている。そのため、この信号機は青を使用せずに矢印を使用するサイクルとなっているが、矢印が点灯するときは、なんと3灯すべてが消灯して矢印のみが点灯する！ 矢印のみが点灯する姿は不気味な印象である（写真❷）。

サイクルとしては赤↓（赤消灯！）左折矢印・右折矢印↓黄↓赤となっており、通常の青信号の代わりに左折矢印・右折矢印が点灯するような形だ。規則では赤＋矢印を点灯させることで初めて、矢印の方向に進める現示の意味となるため、矢印と共に赤を点灯させるのが一般的である。そのため、なぜこのように矢印のみを点灯する現示があるのかは不明である。

このような赤が点灯せず矢印のみ点灯するサイクルはほかの交差点でも見られたが、現在はここのみと思われる。灯器は一般的な小糸の鉄製である。

❶赤がなんと「消灯」し、矢印のみで左折ないし右折を促す。矢印のみが点灯する姿は不気味ですらある。

❷矢印の次は黄色が点灯。

❸そして赤色が点灯する。

❹交差点の全景。矢印のみが点灯している信号機の左に進入禁止の標識があり、自動車が進入しないように青色を点灯させない意図が分かる。

❶青・黄は電球式だが、赤のみLED素子を使用した信号機。消灯状態では赤ではなく、シャーシの色である黒に見えるのが面白い。
❷赤の点灯状態。初期のLEDなので現在のものよりも素子の数が多い。

赤だけ素子LED

場所 千葉県印西市高花２丁目2-2

千葉県では、LED信号機が非常に高価だった時代から、重要な赤だけを試験的にLEDにした灯器が少ないながらも設置された。この頃はまだLED輝度が現在よりも低く、LED素子の数が非常に多いのが特徴だ。

千葉県内では印西市の北総鉄道・京成電鉄千葉ニュータウン中央駅から少し離れたところに3カ所と、野田市に1カ所設置されている。LEDは消灯しているときに黒っぽい色に見えるため、青・黄・黒と配列しているように見えるのがユニークだ（写真❶）。

ちなみにこのような赤だけLEDの信号機は長野県にも多く設置されており、そちらは青・黄が電球、赤は素子が見えないレンズユニットタイプのLEDとなっている。

赤の点灯状態では、ごく普通の信号機に見える。

11

現在、東京都などの一部を除き、全国的に設置されているいわゆる「低コスト型」のLED信号機はレンズの直径が250㎜である。この低コスト型の元祖ともいえる灯器が埼玉県さいたま市に3カ所設置されている。うち1カ所はコンサートやイベントの会場としてもよく利用されるさいたまスーパーアリーナのすぐ近くにある交差点で、筆者もAKB48の握手会の際によく撮影していたものだ。

もう一つは北区本郷町という、JR宇都宮線土呂駅から北側へ1㎞ほど進んだ住宅街にある交差点で、短い距離で連続した2カ所の信号交差点にこの灯器が設置されている。

第1章でも記したように、低コスト型灯器が普及する前は、LED信号機のほぼすべてが300㎜灯器だった（東京都には直径250㎜相当のLED素子を用いたものも多数あるが、灯器のサイズは他県にある300㎜のものと同一である）。

LED信号機は電球式灯器よりどうしても高価になってしまうこともあり、より製造コストを抑えたものが求められた。そんな中、2016（平成28）年に初めて灯器自体のサイズを小さくし、レンズの直径も250㎜にしてLEDの素子を減らした低コスト型の試作品として設置されたのがこの灯器である。

翌年にはこの試作品の試験設置において、小型化しても視認性に特に問題がないことを確認できたことから警察庁が灯器の標準仕様を変更。レンズの直径が250㎜、サイズも小型化された灯器が大阪府で設置され、以後これが全国的に普及していき、今に至る。

12 元祖低コスト灯器

場所 埼玉県さいたま市北区（本郷町交差点）

❶さいたま市北区の本郷町交差点に試験設置されたまま、現在も継続使用されている元祖低コスト型信号機。自動車用、歩行者用ともに試作品が設置されている。

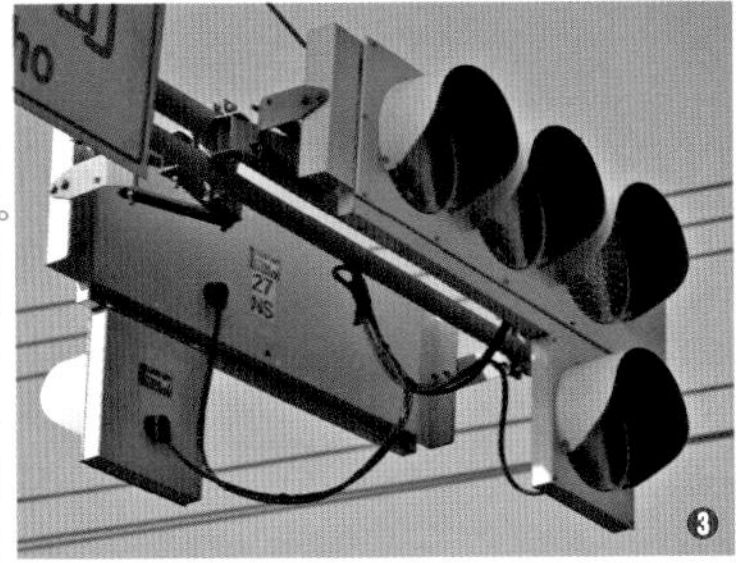

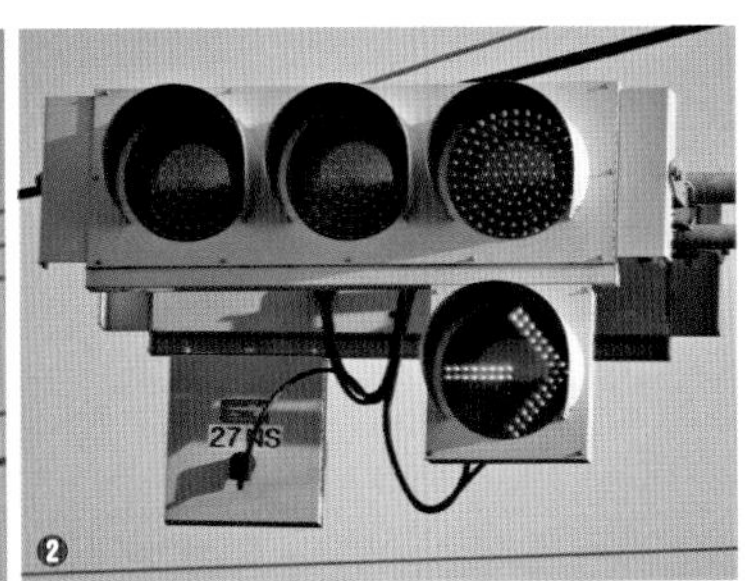

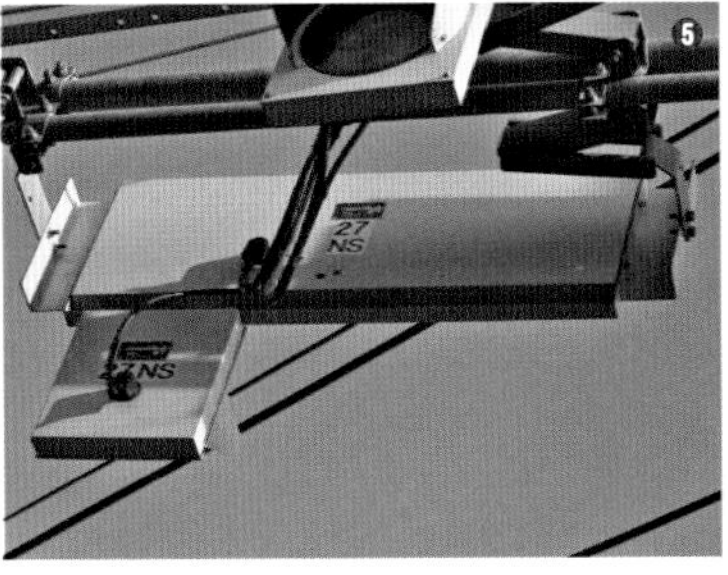

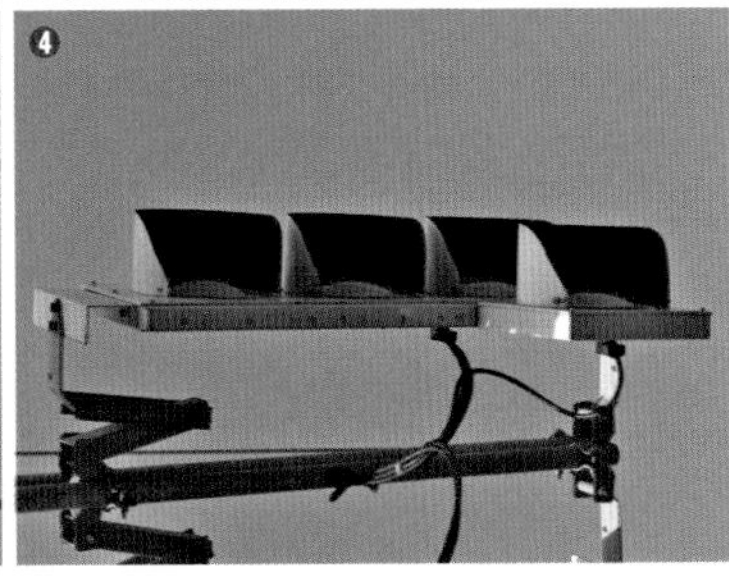

❷四角い形状で、直径250㎜の小さなレンズが目立つ。前面が12本のネジで固定され、従来の300㎜灯器の幅に合わせるため、両側に調整用の板が付く。
❸矢印灯器も含め、すべてのレンズに庇が付く。埼玉県の近年の信号機は、後ろにメーカーごとの略称（日本信号＝ＮＳ）のシールが貼られている。
❹信号機を見上げた様子。極限まで無駄を削り、薄くなったデザインとなっている。
❺背面はまったく起伏がなく、非常にシンプルでやや無骨とも思えるデザイン。

　そういった意味で、現在普及している低コスト型のいわば元祖的存在であり、試験的に設置されたものである。そのため、さいたま市のこの3カ所以外には設置が確認されていない。

　なお、さいたま市の3交差点には歩灯も低コスト化を図った試作品が設置されている。ただ、歩灯については現在でも通常の薄型歩灯が設置されているので、低コスト化を図ったものは実質普及しなかったということになる。

　車灯の試作品と現在普及している同じ日本信号製の低コスト灯器を比較すると、随分と異なる。まず大きく違うのは、現行の低コスト灯器は庇がないものが基本的に標準（庇付きのものも一部では設置されている）だが、試作品は庇がしっかり設置されている。

　形状は、試作品はやたら

❽歩灯の低コスト型試作品。前面は12本のネジで留められ、丸く盛り上がったレンズには庇が付く。背面にはネジ留めがなく、こちらもメンテナンスなどは前面を外して行うようだ。

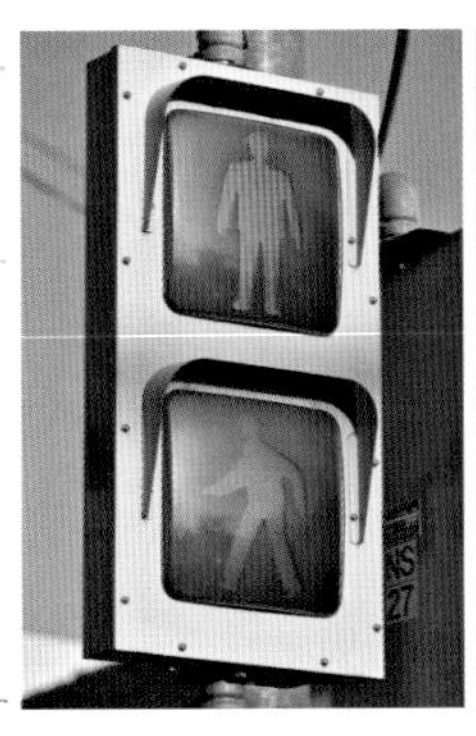

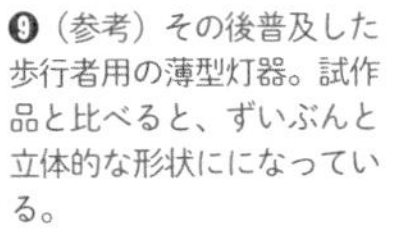

❾（参考）その後普及した歩行者用の薄型灯器。試作品と比べると、ずいぶんと立体的な形状にになっている。

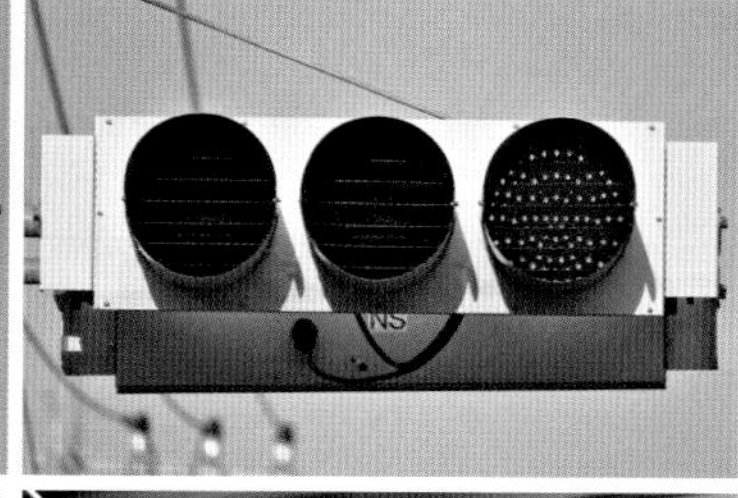

❼（参考）現在の日本信号製薄型灯器。レンズには庇を取り付けられる縁があるが、基本的には装着されない。

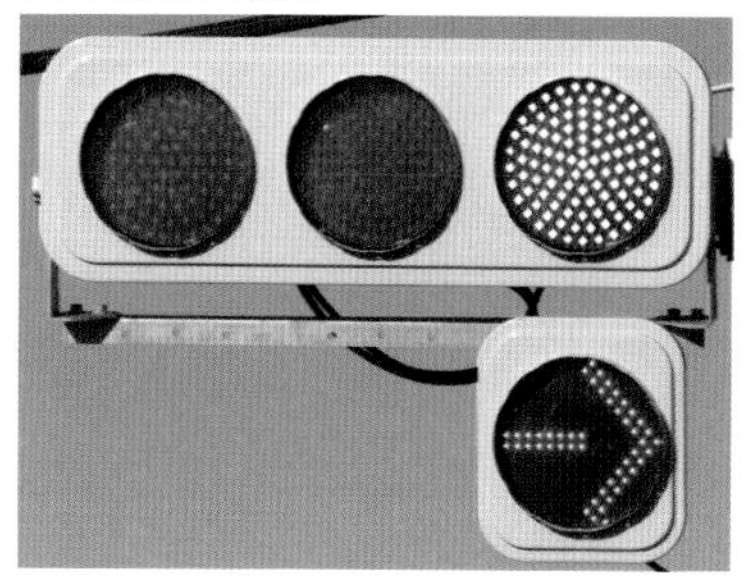

❻制限庇付きの試作品。2つある交差点のうち、信号機が連続して見える側にのみ奥からの誤認を防ぐため装着されている。

と角張った四角い板のようなのに対し、現在普及しているものは比較的丸みを帯びている。また、試作品はネジが前面に12本あるのも特徴だ。さらに試作品の両側には板が取り付けられ、従来の300㎜灯器のサイズと規格を合わせている。まるで犬の耳のようだと思うのは私だけだろうか？

この交差点は短い距離で連続して信号交差点があるため、手前の交差点から奥の信号機が見えないようにするため、横にスリットの入った制限庇を用いたものも2基だけ設置されている。

歩灯は、通常の薄型LED歩灯よりも角張っていて、非常に薄くシンプルなデザインになっている。また車灯と同様に前面にネジが12本あるのも目を引く。

本郷町交差点の全景。ここは産業道路と呼ばれる幹線道路で、非常に交通量が多い。この交差点にある車灯6基、歩灯8基すべてが低コスト試作品となっている。さらにこの交差点を右折した先の交差点にも、同じく低コスト試作品が設置されている。

13 3M偏光灯器＋矢印

場所 千葉県市原市八幡海岸通

道路が鋭角に交差あるいは合流する交差点で、正面の信号機以外の信号機を誤認するのを防止するために、正面以外からは信号機の色が分からないように工夫されている信号機がある。

現在は大半が制限庇と呼ばれる、信号機の庇を四角い網状（または丸い網）のもので囲ったものが設置されているが、かつてはその制限庇の性能が良くなかったこともあり、アメリカのサイエンスメーカー・3M社製の偏光灯器と呼ばれる特殊な灯器を設置する場合があった。

この偏光灯器は通常の灯器よりも高価であったと考えられ、採用された地域は限られていた。積極的に採用されたのは滋賀県だったが、この偏光灯器に使用されている特殊な電球が製造停止となったこともあり、滋賀県内ではかなり昔に絶滅している。

全国的にもかなり淘汰されており、現在残っているのは千葉県と石川県の2カ所のみだ。ここでは千葉県市原市に残っているほうを紹介する。工業地帯を走る京葉臨海鉄道（貨物線）の跨線橋と、側道が合流する

❶米国3M社製の偏光灯器が青点灯した様子。四角いレンズの内側が丸く点灯する。

❷偏光灯器を斜めに見た様子。実際は青点灯しているが、この角度ではどの色が点灯しているのか分からない。

❸偏光灯器を横から見た様子。

❹偏光灯器を裏側から見た様子。電球の蓋に3M社の刻印がなされているが、90度傾いている。偏光灯器は矢印灯器（300㎜の鉄製丸型）よりだいぶ小さいのが分かる。

交差点の跨線橋側に1基だけ設置されており、正面からのみ灯火の色が分かるようになっている。写真❷は角度を変えて見たときで、何色が点灯しているか分からない。

偏光灯器は形が独特で、非常に角ばった形状ながらサイズが小さく、レンズ以外の余白がほとんどない。レンズ部は四角い形状で、点灯するときは内側が丸く光る。灯器の下には右折矢印が併設されているが、こちらは偏光灯器ではなく、普通の鉄製の矢印となっている。そのためサイズが異なり、無理やり金具で設置したような格好となっていて面白い。

ちなみにこの交差点は京葉臨海鉄道の踏切に隣接しており、踏切が遮断したときのみ右折矢印が点灯し、普段は点灯しない。

❺右側の信号機が、跨線橋からの直線上にある偏光灯器。左が側道で、こちらは一般信号機。赤点灯時は、側道からでも偏光灯器の赤点灯が分かる。

❻撮影位置を下がり、やや直線に近い視点にしても、偏光灯器は点灯している色が分からない。交差点を右折すると京葉臨海鉄道の踏切があり、矢印はそれに連動する。

14 千葉市に残る角型信号機

場所 千葉県千葉市稲毛区弥生町4-1

❶千葉大学正門前交差点に設置されている角型信号機。レンズ径300㎜の角型が2024年現在でも残存しているのはここが最後である。

千葉市の千葉大学西千葉キャンパス付近に設置されている角型信号機だ。この交差点には京三製作所製の「3灯式の角型信号機」が日本で唯一、まさに1基のみ残っている（2024〈令和6〉年6月現在）。

角型信号機は全国的に淘汰が進んでおり、3灯式のものは千葉県ではここのみ。ほかは静岡県に5カ所あり、内訳は小糸工業製が3カ所、日本信号製が2カ所である。

この交差点は大学のすぐ近くで、JR西千葉駅にも程近い、人通り・交通量共に多い丁字路交差点であり、このようなヴィンテージものの信号機が残っているのはもはや奇跡に近い。歩道橋に設置されているため撤去しにくい、というのも2024年まで残った遠因かもしれない。

なお、静岡県に残っている5カ所の角型信号機はいずれもレンズ径が250㎜だが、こちらは300㎜であり、300㎜の角型で残っているのは全国でここのみである。

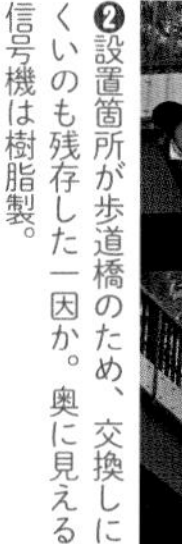

❷設置箇所が歩道橋のため、交換しにくいのも残存した一因か。奥に見える信号機は樹脂製。

千葉大学正門前交差点の全景。突き当たりの先は千葉大学。交通量の多い都市部の交差点なので、まさに奇跡の角型信号機といえよう。

赤が著しく劣化した古歩灯

場所 千葉県袖ケ浦市横田（横田小路交差点）（※撤去済み）

国道沿いの丁字路に残っている昭和50年代前半製造と思われる小糸工業製の古い歩灯だが、赤レンズの劣化が著しく、赤ではなくもはや白色に発光してしまっている（写真❶）。

元々この種類の歩灯のレンズは青が水色、赤がオレンジ色っぽいレトロで鮮やかな色となっていて、この歩灯も青レンズはきれいな色のままだが、赤の方はオレンジ色がほとんど見えなくなってしまっている。おそらく、赤の点灯時間が圧倒的に長いため、赤の劣化が激しくなったと思われる。ほかにも同様の例はあるが、ここまで原型を留めていないものは見たことがない。

白色の人型もまわりが白くなり過ぎてしまい、存在が確認できないくらいになっている。このような信号機はネタとしては面白いが、赤灯火として視認性に問題があるので早急な交換が必要だろう（校了までの間に撤去された）。

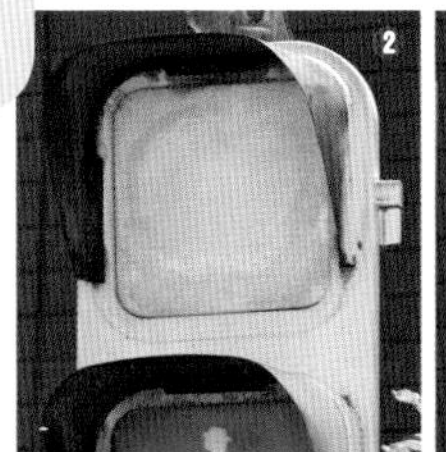

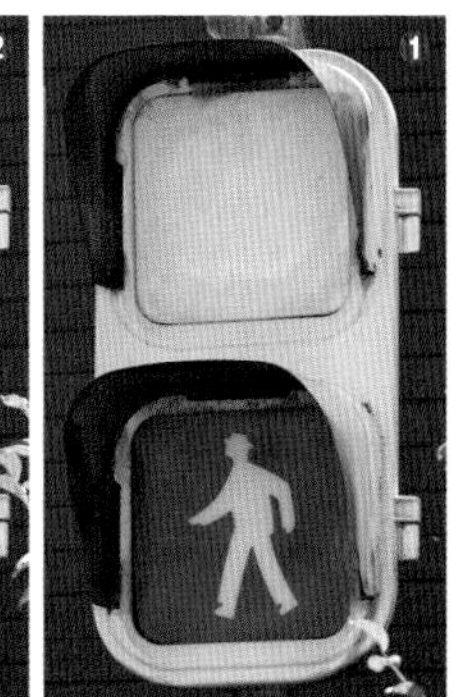

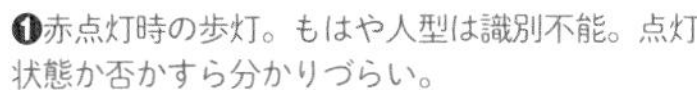

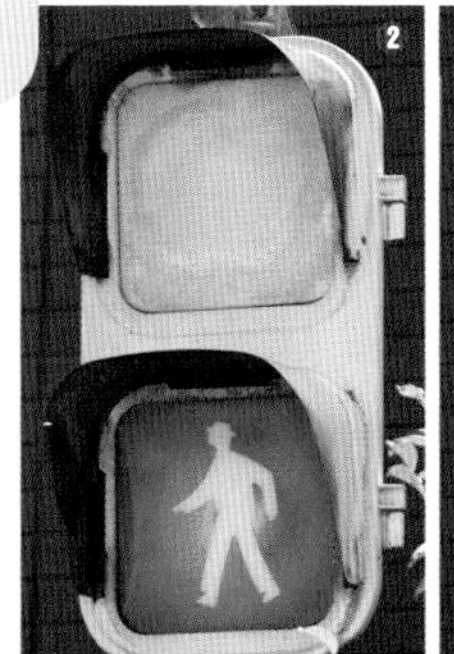

❶赤点灯時の歩灯。もはや人型は識別不能。点灯状態か否かすら分かりづらい。
❷青点灯時の歩灯。赤は白スプレーでも塗ったのではと思うほど白化が進んでいる。

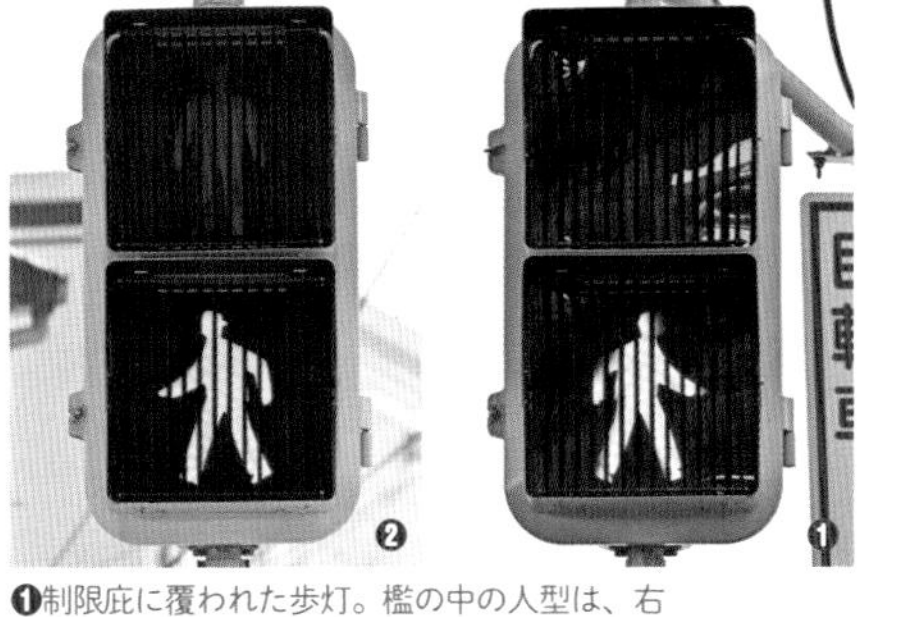

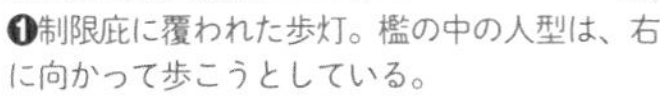

❶制限庇に覆われた歩灯。檻の中の人型は、右に向かって歩こうとしている。
❷通常の歩灯（参考）。制限庇に覆われていても、ここの交差点のものが不自然なのが分かるだろう。

鋭角の交差点に設けられた歩灯。青点灯しているのが、この逆向きのもの。斜め向きに写る歩灯にも制限庇が付いており、こちらもなぜか人型は逆向きだ。

人型が逆の歩灯

場所 埼玉県川口市（本蓮一丁目交差点）

川口市の首都高速道路の下にある交差点に設置された歩灯。道路が鋭角に交わる交差点であるため、正面以外から灯火が見えないように制限庇が付いている。歩灯に制限庇が取り付けられているのも珍しいが、青の人型をよく見ると通常とは逆向きになっている！（写真❶）

製造時のミスなのか経緯は不明だが、非常に違和感がある。制限庇付きで少し分かりにくいが、通常の人型の向き（写真❷）と見比べれば一目瞭然。逆向きになっていることが分かる。

東　京都心の鋭角交差点に1基だけ設置されている、庇が非常に長い薄型LED灯器だ。道路が鋭角に交わる交差点で、正面以外から誤って灯火が見えるのを防止するために庇が長くなっている事例は全国にたくさんある。しかし、庇がここまで長いのは全国探してもここのみではと思われ、インパクトが絶大！　おそらく特注品なのではと思われる。

静岡県内でもこの灯器ほどではないが、他県にあるものに比べて非常に長い庇を取り付けた灯器をよく見かける。誤認防止を徹底するのであれば先述の制限庇などの手法もあるが、あえて非常に長い庇をなぜ採用しているかは不明である。

長い庇

場所　東京都中央区新川2丁目9

側面から見ると庇の異様さがお分かりいただけるだろう。長い長い庇の重みで、薄型信号機が傾かないか心配になる。

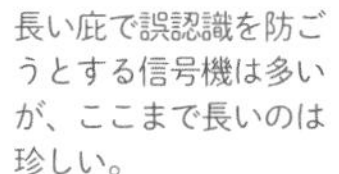

17

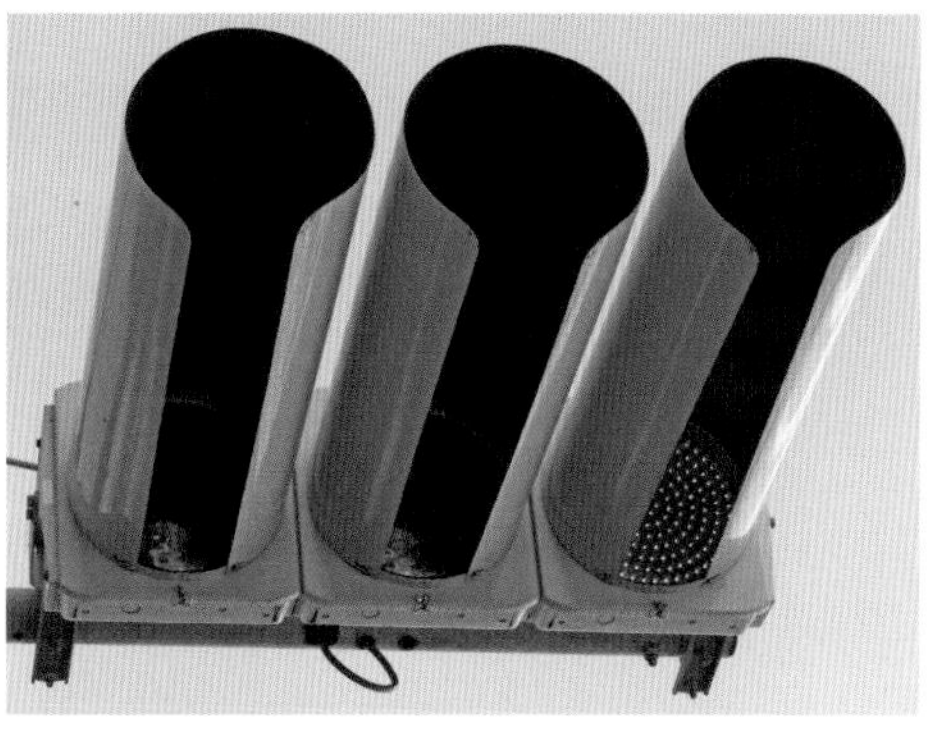

長い庇で誤認識を防ごうとする信号機は多いが、ここまで長いのは珍しい。

左にあるのが長い庇の信号機。左斜めから合流する道路向けで、カメラの方向からの誤認識を防いでいる。

18 青＋矢印現示

場所 新潟県新潟市東区古湊町3-48（末広橋交差点）……〈❶❸〉
新潟県新潟市中央区万代島1（万国橋交差点）……〈❷❹〉

新潟県ではかつて、他県ではほとんど見られない変わった時差式信号機の現示がたくさん存在した。全国的にも一番スタンダードな時差式信号機は、対向車が赤現示になってもこちら側は青点灯が続き、その間は対向車が停止しているため、円滑に右折できるというものだ。ほかに矢印を使った時差式のものもあるが、一番多いのは矢印を使用しないタイプである。

新潟県内でかつてあったものは、丁字路交差点で時差式の青延長側には右折矢印灯器を取り付けて、対向車が赤になると青＋右折矢印の現示が出るというものだ（写真❶）。青から青＋右折矢印に変わるので、この仕組みを知っていれば対向車が赤となり右折しやすいタイミングになっていることが、通常の矢印を使わない時差式よりも格段に分かりやすい。

ただし原則、矢印は赤と共に点灯することとなっているため、このサイクルは新潟県内でも淘汰されていき、現在は写真❷の1カ所しか残っていない（写真❶の箇所は撤去済み）。また、かつては新潟県以外でも高知県、沖縄県、大阪府などでもこの時差式方式があったそうだが、現在はいずれも絶滅済みだ。

写真❷は低コスト灯器世代であるにも関わらず、青＋矢印の時差式方式が引き継がれている。この交差点は「K」の字のような形になっているため、通常の新潟県方式の時差式よりもさらに複雑で、見ていて飽きない。

❶末広橋交差点の信号機。対向車が赤現示になると青のほかに右矢印が現示されて、直進と右折ができる。（撤去済み）
❷万国橋交差点の信号機。最新のフラット型でも新潟式の青＋矢印現示が継承されている。

❸末広橋交差点の全景。青と右矢印が同時に点灯している。かつては新潟県内の各地でこの現示が見られた。（撤去済み）
❹万国橋交差点の全景。正面の対向車が見える部分は進入禁止で、その右に右折する道路がある複雑な交差点。

❷同じく中消防署前の信号機。消防署側は通常は赤点滅だが、緊急車が出動するときは青点灯に変わる。

❶越前市の中消防署前の信号機。車道側は通常は黄点滅をしている。

19

緊急車出動用信号機

場所 福井県越前市千福町126（南越消防組合中消防署）❶❷
富山県高岡市広小路5-10（高岡市消防本部高岡消防署）❸

福井県内の消防署の出入口に設置されている信号機だ。公道側には3灯式の普通の信号機が設置され、消防署の出入口側には青赤の2灯式が設置されている。通常は公道側の3灯式は黄が点滅し、消防署の出入口側は赤が点滅している。緊急車両が出動するときは、公道側の3灯式が赤、消防署の出入口側の2灯式が青点灯になり、緊急車両が円滑に出動できるようになっている。

福井県内の多くの消防署の前に、このような信号機が設置されている。筆者は一度この南越消防組合中消防署での撮影時にたまたま消防車が出動し、2灯式が青点灯しているところを見たことがある。ただ、本来は動作しない（＝公道側黄点滅、消防署出入口側赤点滅）ほうがよい信号機のひとつである。なお、消防署

消防署側から見た信号機。出動がないときは、常に赤点滅している。

中消防署前の全景。消防署の手前に信号機が設置されている。

❸高岡市消防本部高岡消防署の信号機。車道側、歩道側ともに通常は青が点灯している。

高岡消防署前の全景。消防署前の路上には停止禁止部分の表示がされ、その手前に停止線も敷かれている。

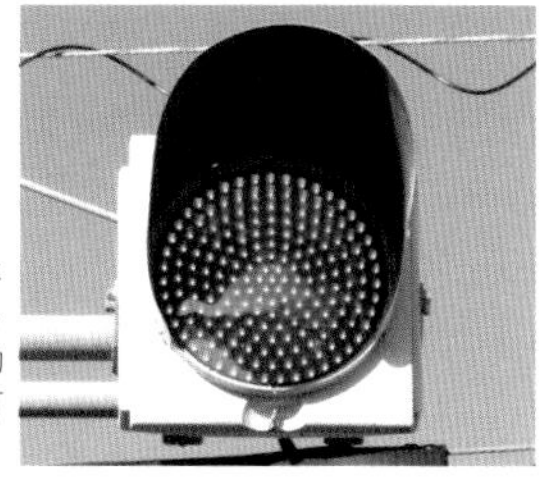

高岡消防署側から見た信号機。通常は消灯していて、緊急車が出動するときのみ青が点灯する。

の前に信号機が設置されている事例は他県でもいくつかある。

　同じ北陸地方の富山県高岡市には、青の1灯式が消防署の出入口側に設置されている。こちらの公道側は通常の3灯式に加えて歩行者用の信号機も付いており、いずれも常時青が点灯している。消防署の出入口側は青1灯式で、通常は消灯している。緊急車両が出動するときは、それぞれ赤に変わり、消防署出入口側の青1灯式が点灯する。

　1灯式というと、予告信号として黄1灯、交通量の少ない道路向けの一時停止喚起のための赤1灯、さらには優先道路を示し、一方に一時停止を促す4方向1灯点滅などでは黄1灯・赤1灯が一般的なので、青の1灯式はほかではそうそう見られない。

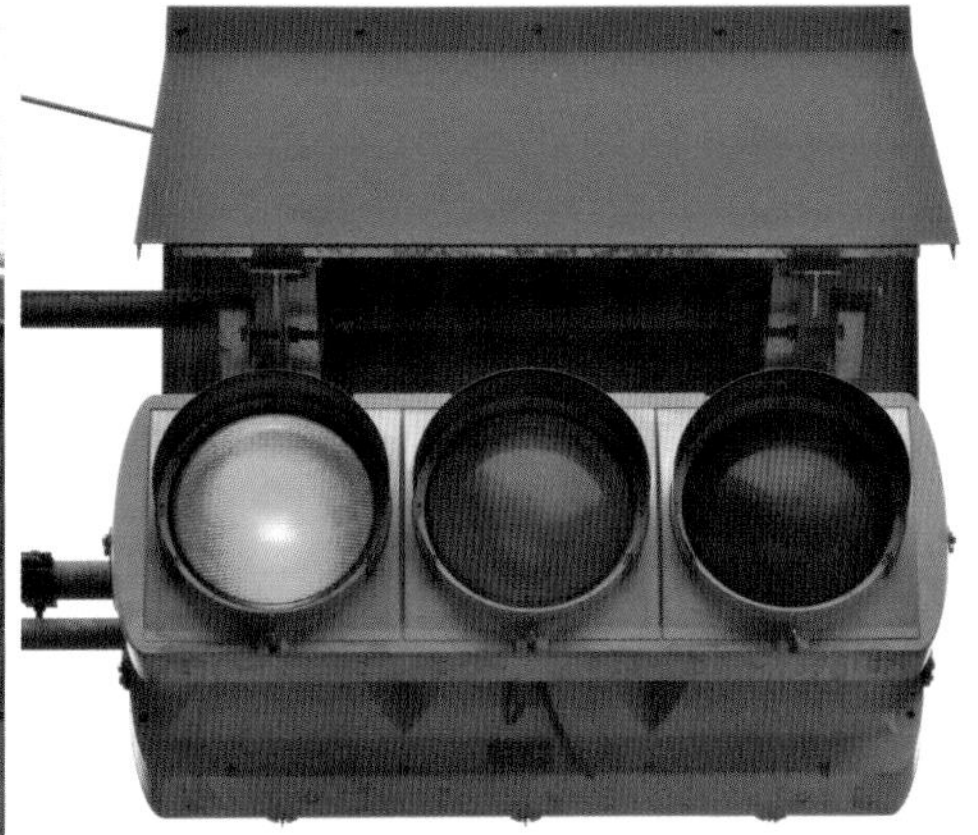

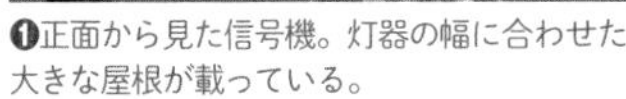

❶正面から見た信号機。灯器の幅に合わせた大きな屋根が載っている。
❷側面から見た信号機。まさに合掌造りの形をしているのがよく分かる。灯器の庇は非常に短い。

信号機も合掌造り？

場所 富山県南砺市田下（五箇山インター交差点）

富山県の山奥、岐阜県との県境に程近い「合掌造り」で有名な世界遺産・五箇山地区への入口、東海北陸道の五箇山インター交差点にある信号機だ。ここにはなんと合掌造りをモチーフにした信号機が設置されている！

灯器自体は通常の松下製の蒲鉾型灯器を両面設置したものであるが、灯器の上にまるで合掌造りのような大きな三角屋根が載っている（写真❷）。これは五箇山地区は雪が多いため、灯器に雪が載らないための雪対策であると思われるが、それだけでなく合掌造りをモチーフにしたモニュメント的位置付けという観点もあっての形状かと思われる。なお、灯器のほうは庇が非常に短いものになっているのも特徴だ。

20

❸五箇山インター交差点の全景。相倉合掌造り集落まで12kmの地にあるインターチェンジで、まるで観光客を迎えるかのようだ。

レンズに黄・蓋・黄がはめ込まれた特徴的な灯器。下に「居眠り防止装置」の看板が付くのも珍しい。

21

居眠り防止装置

場所 長野県木曽郡南木曽町読書（※撤去済み）

長野県の通称「木曽高速」と呼ばれる山深く単調な国道19号にかつて設置されていた「居眠り防止装置」である。灯器は通常の鉄製（小糸製）だが、配列が黄・蓋・黄となっており、非常に珍しい。私は2015（平成27）年にここを訪れたものの、残念ながら「居眠り防止装置」が既に居眠りしており、点灯している姿を拝むことはできなかった。かつては左右の黄が交互に点滅し、車両を感知すると音も流れていたとのことで、動作する姿をぜひ見てみたかったところだ。現在はこの灯器自体が撤去済みである。

信号機の全景。交差点ではなく、長い道路上にあるのが分かる。支柱にスピーカーが付いており、音はここから流れていたと思われる。

初期の西日対策レンズの「渦巻きレンズ」と、全国でただ一つとなった希少な「包丁未遂矢印」の貴重な組み合わせ。

22

渦巻きレンズ＋包丁未遂矢印

場所 静岡県富士市（加島町交差点）

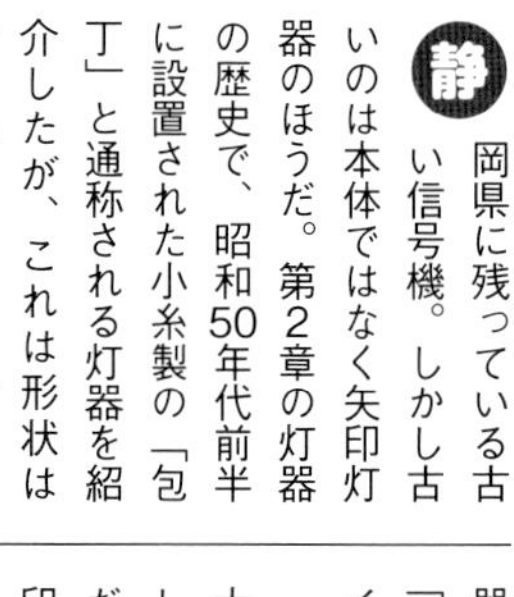

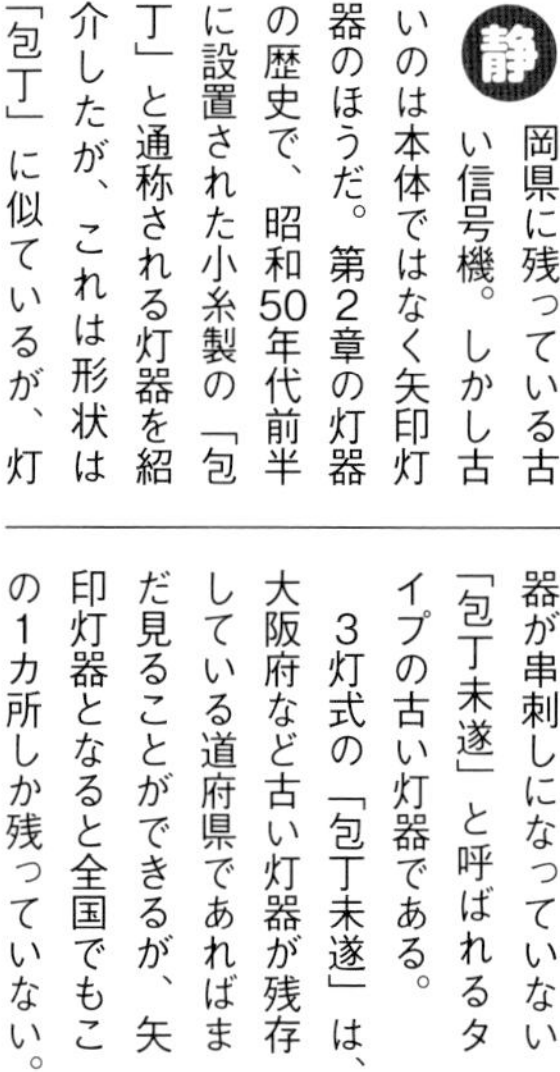

加島町交差点の全景。交通量は非常に多いが、矢印灯器を含む信号機全体が、4基とも現在まで残存した。

静岡県に残っている古い信号機。しかし古いのは本体ではなく矢印灯器のほうだ。第2章の灯器の歴史で、昭和50年代前半に設置された小糸製の「包丁」と通称される灯器を紹介したが、これは形状は「包丁」に似ているが、灯器が串刺しになっていない「包丁未遂」と呼ばれるタイプの古い灯器である。

3灯式の「包丁未遂」は、大阪府など古い灯器が残存している道府県であればまだ見ることができるが、矢印灯器となると全国でもこの1カ所しか残っていない。

矢印灯器は交通量の多い大きな交差点に設置されるという背景もあって、3灯式よりも更新が早かった。そのため昭和50年代前半の矢印灯器自体が、もうほとんど残っていない。

しかしこの交差点では、東西方向の4基すべてがこのタイプの矢印灯器となっている。背面が非常に平らでのっぺりとしていて、正面から見るとUの字形になっていることが形状の特徴である。

3灯式のほうは、平成時代に製造された鉄製灯器だが、4セットのうち2セットはレンズの見た目が渦巻きのようであることから、「渦巻きレンズ」と通称される初期の西日対策レンズ（西日が当たってどの色が点灯しているか分からなくなる擬似点灯現象を防ぐ機能を持つ）である。

こちらも東京都、静岡県、大阪府など一部でしか採用されず、現在となっては静岡県以外ではほとんど見ることができないレアなレンズで、非常に珍しい灯器同士の貴重な組み合わせとなっている。

23 日本最古の車両用信号機

場所　静岡県袋井市川井90
（袋井中学校北交差点）

静岡県袋井市に1基残っている小糸製の角型信号機だ。⑭の千葉市の角型信号機の項でも記したが、全国的に更新が進み、角型信号機の3灯式は静岡県内でも5カ所となってしまった。その中でも袋井市に残っているものは1971（昭和46）年4月製で、これは2024（令和6）年6月現在、日本全国で残っている車両用の信号灯器の中でも最古にあたる。

もっとも、1971年製の古い灯器は大阪府大阪市や兵庫県尼崎市にもまだ残存しているため、最古といっても数カ月の差であり、これらの撤去のタイミングで日本最古は入れ替わってしまうのだが、現在確認している中では最古といえる。

ちなみに、2023（令和5）年2月まではこれより4年も古い小糸製作所製の角型灯器が隣の愛知県知多郡阿久比(あぐい)町に残っていたが、現在そちらは撤去され、愛知県警本部で展示されているそうだ。

この袋井市の角型灯器もいつまで残るか分からないが、残っているうちは1971年から頑張ってきた雄姿を我々に見せてくれることだろう。製造年の割には灯器の状態は比較的良く、視認性も良好である。昭和40年代は標準の塗色が現在のような灰色がかった白ではなく、緑色だったそうで、この灯器もかつては緑色に塗装されていた様子。上から白色を塗装したことが伺え、白色が剥げたところから、元の緑色が見えてきているのも趣深い。

袋井中学校北交差点の全景。交通量の多い道路と交差する路地側に、ひっそりと1基のみ半世紀以上も頑張っている。

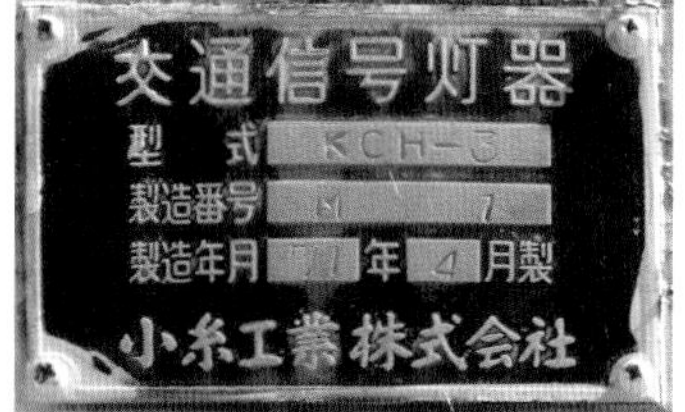

日本最古の信号機の銘板。文字がしっかりと判読でき、型式KCH-3、製造番号M1、製造年月71年4月製と刻印されている。

文字通り四角い角型信号機の背面。電球も後ろ側から交換する構造なのが分かる。

まだまだ現役で活躍できそうな角型信号機。白色が剥げたところから、元の緑色が見えている。

24 ×・×・×灯器

場所
愛知県名古屋市熱田区神宮3丁目10 花表町21
（秋葉アンダーパス）❶
愛知県名古屋市守山区新守町
（新守山駅北交差点・第二幸心地下道）❷
※撤去済

愛知県名古屋市のアンダーパスの入口付近に設置されている灯器である。レンズ部を見ると、3灯すべて×の表示になっており、普段は点灯しない。しかもよく見ると縦型のほうは一番上と一番下、横型のほうは一番左と一番右が赤の×、縦・横いずれも中央は黄の×となっている。

　この灯器、実は普通の信号交差点用の信号機ではなく、冠水の恐れがあるアンダーパスの入口にあり、おそらくは冠水しそうなときに点灯し、赤は通行止め、黄は注意喚起といった形で使用されるのではと推測される。動作したところは見たことがないが、冠水しないと動作しないということは、よほどの雨が降ったということであり、動作しないほうがよい信号機ということになる。

　ちなみに縦型のほうは、

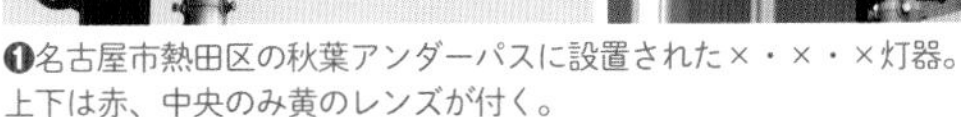

❶名古屋市熱田区の秋葉アンダーパスに設置された×・×・×灯器。
上下は赤、中央のみ黄のレンズが付く。

信号機の脇には回転式の可変標識と電光掲示板があり、冠水時などに注意を促すものと思われる。

名古屋市熱田区の秋葉アンダーパス全景。信号機や電光掲示板は通常は消灯している。

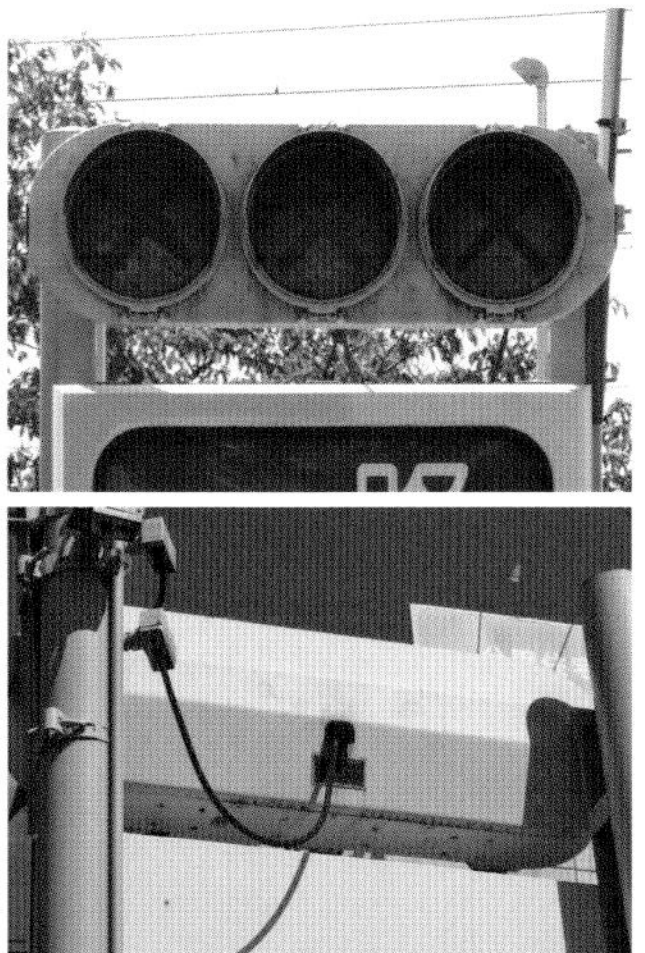

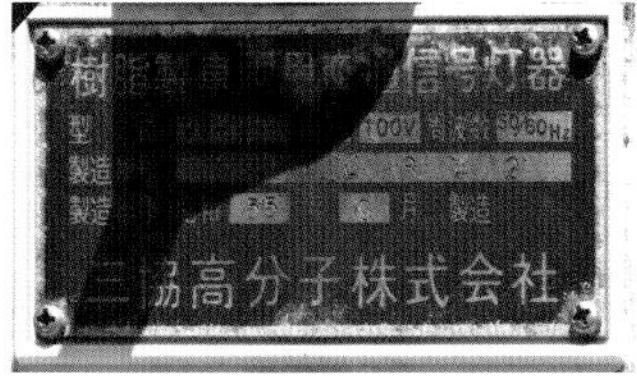

赤・黄・赤の×レンズが装着された樹脂製灯器。樹脂製灯器を製造していた大元のメーカーである三協高分子製で、昭和55年9月製と比較的古めの製造である。

❷名古屋市守山区の第二幸心地下道にかつて設置されていた×・×・×灯器。信号機から離れた下側にあり、低コスト型信号機と黄ばんだ樹脂製信号機の対比が印象的だった。

名鉄神宮前駅近くのアンダーパスの両入口にそれぞれ設置されている。横型のほうは残念ながら既に撤去済みだが、かつて新守山駅前のアンダーパスの入口に設置されていた。このアンダーパスの入口は信号交差点すぐのところであったため、通常の信号機と並ぶような形でこの×・×・×灯器が設置されていた。ところが、通常の信号機のほうは先に低コスト型灯器に更新されたため、低コスト灯器と樹脂製の丸型とのギャップが非常にユニークだった。現在は×・×・×灯器のほうだけ撤去されている。

なおこの×・×・×灯器は、かつて名古屋市内数カ所のアンダーパスの入口付近に設置されていたが、淘汰が進んでおり、現在でも見られるのはごくわずかである。ちなみにここで紹介した灯器は2つとも三協高分子製だった。

新守山駅北交差点の全景。樹脂製の×・×・×灯器は、路面冠水情報板の上に設置されていた。

25 滋賀県の予告信号（青・黄2灯）

場所 滋賀県湖南市（下田交差点）

カーブや高架等の先に信号機があり、遠くからでは信号交差点があることが分かりにくい場所に、信号機が前方にあることを知らせる予告信号が設置されている。全国各地にいろいろな予告信号があるが、スタンダードなのは黄の1灯式や2灯式が点滅して、前方の信号機の存在を知らせるというものだ。

滋賀県内でも予告信号がよく設置されているが、他県とは異なり黄の2灯式ではなく、青・黄の2灯式のものが使用されている。サイクルは、前方の信号機が青のときは予告信号も青が点灯し、前方の信号機が黄や赤のときは右の黄が点滅する。予告信号により、前方の信号機の色が分かるようになっているのだ。

このような前方の信号機と連動して色が変化するのは、ほかに山形県、山口県にある黄・青・黄方式や、静岡県にわずかにある黄・赤・黄方式などがある。しかし2灯式で青・黄のものを使用しているのは、現在は滋賀県のみである（かつては愛知県にも設置されていたそうだ）。

また、滋賀県で設置されている青・黄の2灯式の大半が、存在を目立たせるために緑と白の縞模様の背面板を併設している。ここで紹介している交差点のものはさらに貴重な角型灯器（京三製）となっており、地域の名物である青・黄の2灯式と角型灯器というヴィンテージものの組み合わせを楽しめる、おいしい灯器である。ちなみに1978（昭和53）年製。

❶滋賀県名物の青・黄の予告信号。信号が青現示のときは、予告信号も青が点灯する。
❷信号が黄現示・赤現示のときは、黄を点滅させて注意を促す。
❸黄は点滅なので、どちらも点灯していない瞬間がある。背面板で分かりにくいが、灯器は角型である。

予告信号設置場所の全景。大きく左にカーブした奥が下田交差点。

26 京都市街地にある自転車専用灯器

場所 京都府京都市中京区神明町

京都市街地の幹線道路のひとつである御池通沿いの交差点で、歩車分離制御への変更が2011（平成23）年に一斉に行われた。その中の3つの交差点では、歩車分離制御の歩行者のみ横断できるタイミングで横断する自転車が多かったようで、新たに自転車用灯器が翌年に設置された。

　ここで設置された自転車用灯器は非常に小型で、レンズ径が現在よく設置されている250㎜や300㎜ではなく、一回り小さな200㎜となっている。300㎜の通常の車両用灯器の裏面に設置されているが、非常に小さくてミニチュア感がある。

　また、灯器の形状も非常に四角張ったシンプルな形で、通常のLED信号機とは異なる印象。このような200㎜の小さいサイズの自転車用灯器は京都市内の3カ所のほか、静岡県内でも複数の事例がある。

200㎜の小ぶりなレンズ径を採用。灯器の横には「自転車専用」の看板を設置する。

道路用の横向きの信号機の裏側に、縦向きに設置。通常のものよりも一回り小さいのが分かる。

交差点の全景。交差点奥側に見える対向の信号機も自転車専用灯器だが、こちらは通常の横型の300㎜の薄型LEDである。

大阪市内にある、国道43号と北港通との、交通量の多い大きな交差点にある、矢印だけレンズ径が450㎜と巨大な信号機だ。交差点の規模が大きく、停止線から対向する交差点奥の信号機までの距離が離れているため、遠くからでも視認できるようにあえて450㎜の矢印を採用したのかもしれない。また、この交差点では写真❷・❸の信号機は青を使用せず、矢

❶国道43号の天王寺方面に設置されたLED矢印。こちら側は青現示もある。
❷北港通の野田方面に設置されたLED矢印。こちら側は青は点灯せず、3灯式の下の直進・左折矢印が点灯する。しかしなぜか右折矢印だけ450㎜と巨大なものを使用している。
❸この交差点の決定版ともいえる、国道43号の神戸方面に設置された灯器。通常の3色灯器の両脇に左折・直進・右折の矢印が450㎜の巨大灯器で設置されている。

27 巨大なLED矢印

場所 大阪府大阪市此花区四貫島２丁目４（梅香交差点）

印を使って車を進行させるため、矢印の重要度が通常のサイクルよりも高い。そのため、矢印だけ450㎜にしているとも推測できる（ただし写真❶側は青も使うサイクル）。

この交差点にあるものは450㎜でかつLEDとなっている。450㎜は大半が電球式世代のものなので、LEDの450㎜は高速道路上の信号機などを除きほとんど確認されておらず、そういった面でも非常に珍しい（LEDは電球式に比べ視認性が格段に優れているので、300㎜でも視認性に問題ないと考えられたためか、450㎜のLED灯器はほとんど製造されなかった）。

450㎜のLED矢印はこの交差点のほか、大阪府内の他の交差点でも数カ所確認されていたものの、現在は撤去済みでここでしか確認されていない。写真❶は国道43号の天王寺方面に設置。写真❷は北港通の野田方面に設置され、直進・左折は普通の300㎜矢印で、右折矢印だけ450㎜となっている。

写真❸は国道43号の神戸方面に設置され、左折・直進・右折すべての矢印が450㎜となっているうえ、設置位置も灯器の両側に設置されてユニークなため、その見た目から「バズーカ」と通称されている。

梅香交差点のうち、写真❸が設置された箇所の全景。

矢印が3灯式の上にある!

28

場所 大阪府大阪市都島区大東町11

交差点の全景。交差点の手前におおさか東線の高架があり、自動車から見て信号機が遮られてしまうのを防ぐため、上下逆の配置になったと思われる。

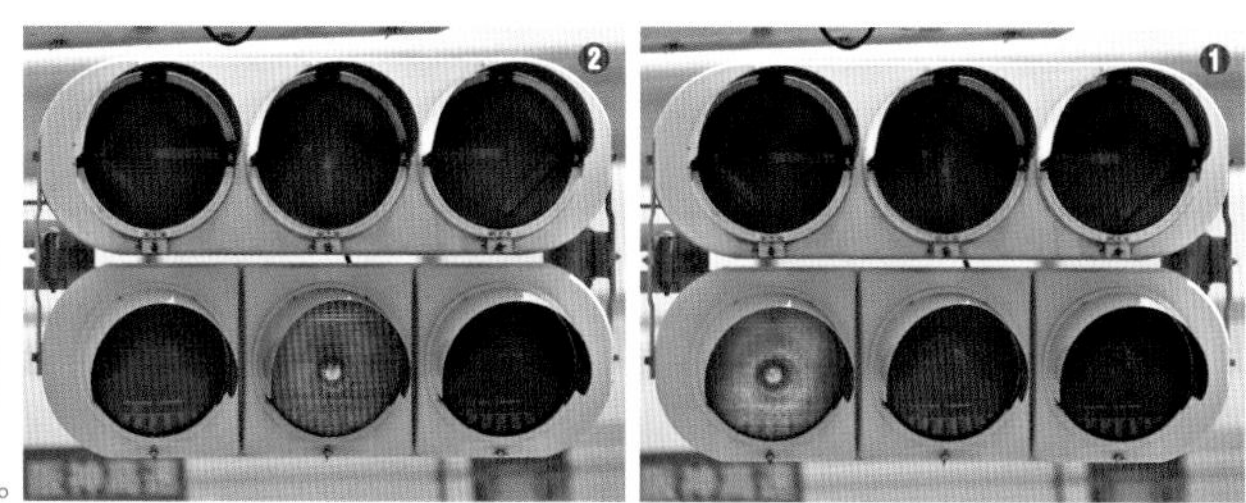

青・黄・赤の3灯式の上に矢印3灯がある光景は違和感がある。赤灯火になった後、矢印は3方向、直進のみと変化する。

矢印灯器ネタ。通常、矢印灯器は3灯式の下に設置されるものだが、この交差点では3灯式の上に矢印の3灯式灯器が設置されている。この交差点の手前（停止線付近）の真上にはJRおおさか東線の高架がある。そのため、3灯式が矢印灯器の上にある通常の配置では、鉄道の高架の陰になって視認しにくくなるのを防ぐ目的で、矢印灯器をあえて上にしたと推測される。ほかの場所でもこのような都合で矢印が上、3灯式が下となるケースは存在するが、この交差点のように「3灯式の矢印」が3灯の上に設置される例は非常に少なく、なかなかの違和感があるユニークな設置である。余談ではあるが、おおさか東線の開業によりこの交差点へのアクセスが非常に向上した（最寄りは城北公園通駅）。

29 最初期のLED歩灯

場所 奈良県生駒市小瀬町（新神田橋南交差点）

奈良県生駒市の押ボタン式交差点にひっそりと残っている、最初期の京三製LED歩灯。LEDの歩行者用信号機がまだ試行錯誤段階のもので、現在普及しているものとは大きく異なる。

特徴は、現在のLED歩灯は人型の色が赤や青に光り、周りは光らないのに対し、このLED歩灯は人型は白色、周辺部が青や赤に光る、電球式と同じカラーリングになっていることだ。このように人型が白色、まわりが赤・青に光るLED歩灯は、京三製のものはここと千葉県浦安市の2カ所、小糸製のものが香川県高松市に1カ所残るのみとなっている。

ぱっと見た感じは電球式の歩灯のようであるが、実際に見てみると光が強く、LED信号機であることが分かる。LEDの歩行者用信号機をどういったものにするか、試行錯誤した中の一品といえる。

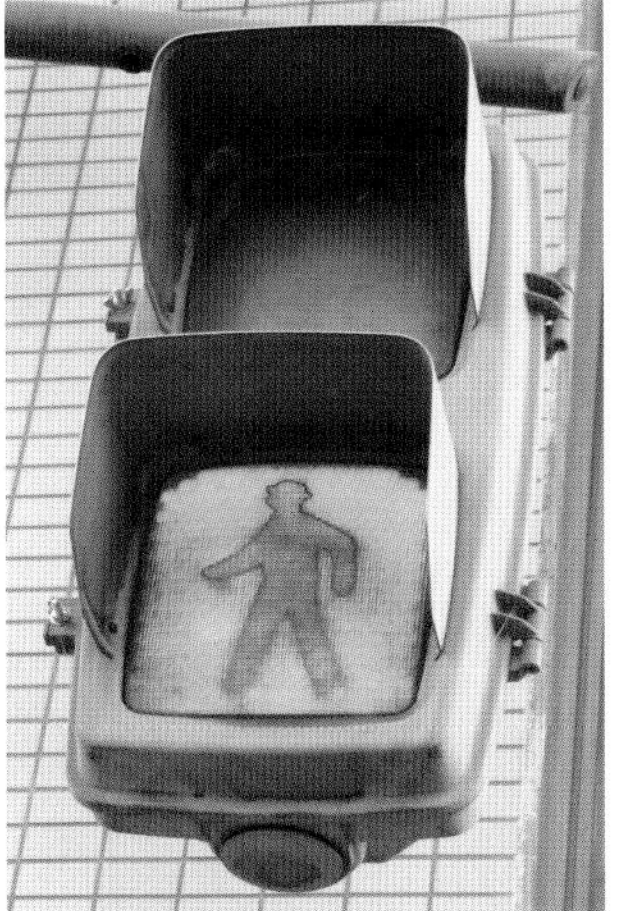
LED歩灯を斜めに見上げた様子。この角度だとLED素子の輪郭が分かりにくい。

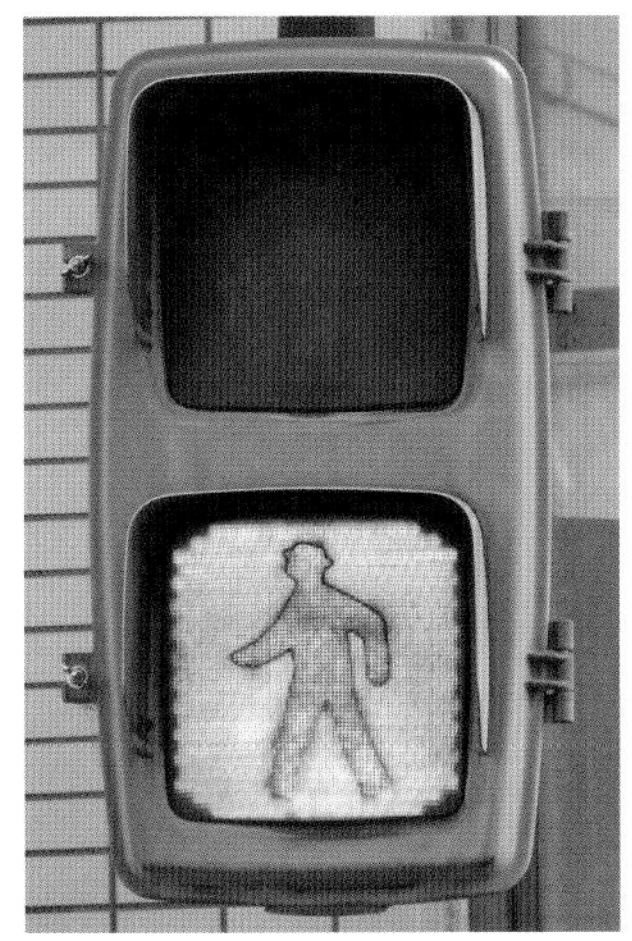
ぱっと見は通常の電球式だが、レンズの外周側を見るとLED素子が埋め込まれた部分の輪郭が分かる。

LED歩灯が設置された信号機。車両用は京三製の蒲鉾型のLEDとなっている。

赤点灯時。

青点灯時。両面に灯器が設置されており、裏側も青赤の2灯式。

30 交互通行にある青・赤の2灯式

場所 広島県福山市鞆町後地

道路の幅員が狭くすれ違いが不可能で、片側交互通行となっている区間に設置されている青・赤2灯式の信号機だ。片側交互通行の起終点のほか、区間の途中にある3カ所の曲がり角にも設置され、計10基の青・赤2灯式が設置されている。

詳しいサイクルは割愛するが、計5カ所10基の青・赤の2灯式はそれぞれ連動しており、順番に青・赤の現示をしていく格好だ。交互通行区間で2灯式が設置されている箇所は、全国に少ないながらもいくつかあるが、これだけ短い区間でたくさん2灯式が設置されているのは珍しい。

とてもすれ違えないような細い通りにある青・赤の2灯式信号。写真では分かりにくいが、前を行く車のやや先にも青点灯の2灯式信号がある。

31

車灯のアームに歩灯を設置

場所 広島県山県郡北広島町大朝4546（大朝小学校前）

車灯のアームに歩灯を設置するという、非常に大胆な設置方法を取っている交差点だ。おそらく交差点に民家が近接しており、歩灯用の電柱を立てるスペースが確保できず、やむなく車灯のアームに設置したと考えられる。通常よりとんでもなく高い位置に歩灯があり、インパクトが非常に強い。

広島県ではこの交差点のものほどではないが、ほかにもこのようなアクロバティックな設置が盛んであり、見ていて面白い。

❶電柱から延びた車灯のアームに、歩灯まで設置してしまった信号機。相当に上を見上げないとならない。
❷車灯の裏側から見た様子。なかなかにインパクトのある設置方法だ。
❸歩灯の裏側から見た様子。車灯のアームへの設置方法がよく分かる。

❷

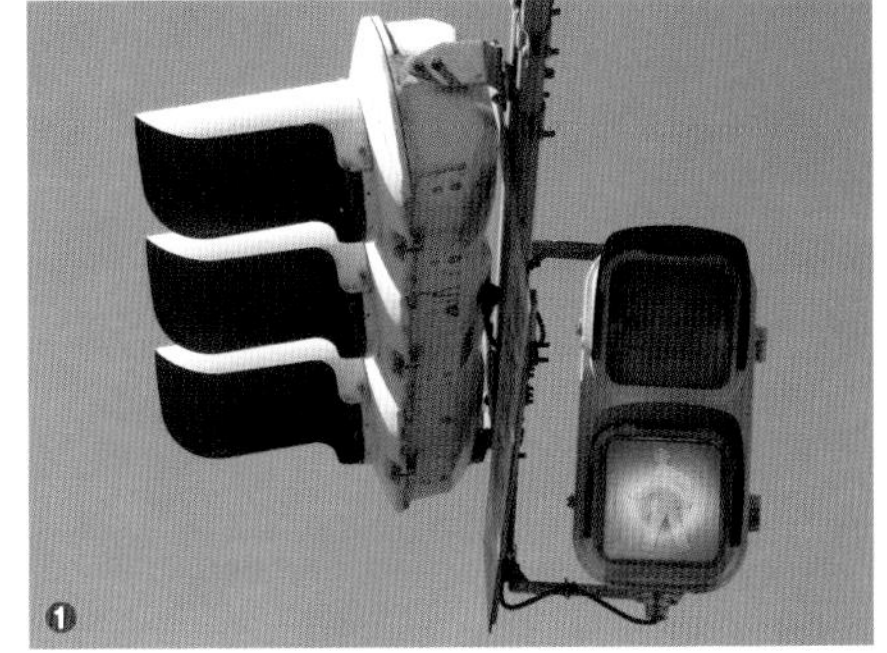

❶

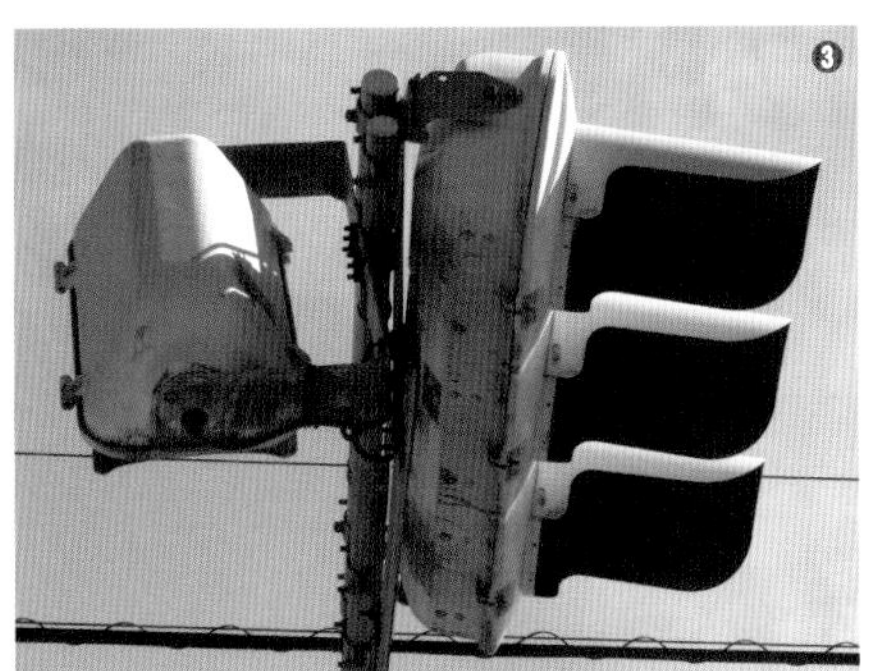

❸

大朝小学校前交差点の全景。民家側には歩道がないので、電柱を設置する箇所がなかったようだ。それにしても、非常に高い歩灯だ。

赤が点灯した状態。筐体・電柱含め茶塗装だった。

樹脂製の初代黄・赤・黄灯器。黄色が左右同時に点滅するのでインパクトは絶大。

交差点の全景。先の信号機が青現示のときは黄点滅し、赤現示のときはこの灯器も赤が点灯する。（2015年撮影）

32

3世代にわたって黄・赤・黄灯器が受け継がれた交差点

場所　山口県岩国市麻里布町1丁目（岩国駅前）（※撤去済み）

岩国駅前にかつて設置されていた黄・赤・黄配列の灯器。左が黄、中央が赤、右が黄と、青がないうえに何一つ通常の青・黄・赤配列と位置が合っていないため、インパクトがものすごく大きい灯器だ。

この信号機は駅前のロータリーのような形の交差点へ入る道路向けの信号機で、ロータリーから退出した先のすぐ近くにまた信号交差点がある。そちらはこの道路が進行できる現示のとき必ず赤となっているため、左折後すぐ停止しなければならない。そのため注意喚起のため青ではなく黄点滅としているようだが、ただの黄点滅ではなく、左右の黄が同時に点滅するのは非常に珍しい。

なおこの黄・赤・黄配列の灯器だが、2015（平成27）年の訪問時は樹脂製の電球式信号機だった。その後更新され、2016（平成28）年コイト電工製の2世代目のフラット型灯器となったが、その際もちゃんと黄・赤・黄の配列は受け継がれた。このような変わった配列の信号機は更新の際に変更される場合が

コイト製フラット型灯器の赤が点灯した状態。周辺工事のため、3年に満たない短命な灯器だった。

コイト製フラット型灯器を使用した2代目の黄・赤・黄灯器。独特な配置とサイクルは踏襲された。

コイト製フラット型灯器時代の交差点の全景。駅舎の建て替えを含む大工事が行われている。(2017年撮影)

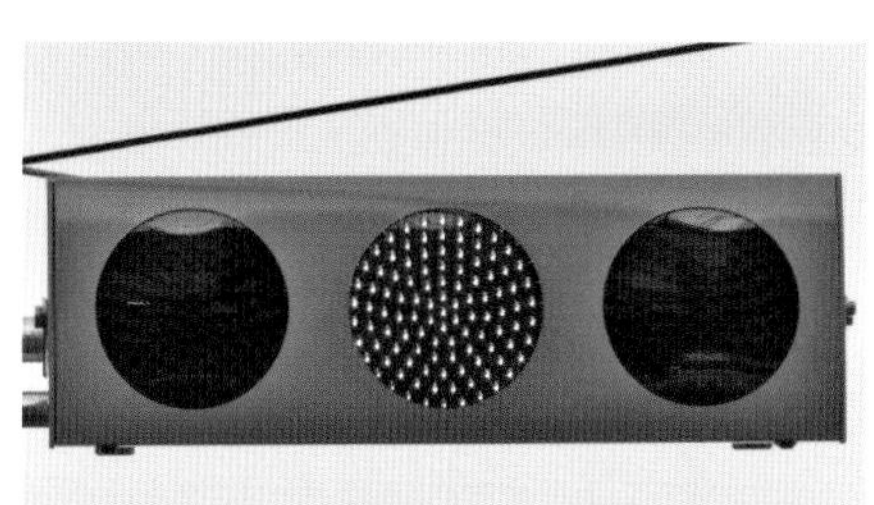
信号電材低コスト灯器の赤が点灯した状態。撤去後、このレアな配置の灯器はどうなったのだろうか?

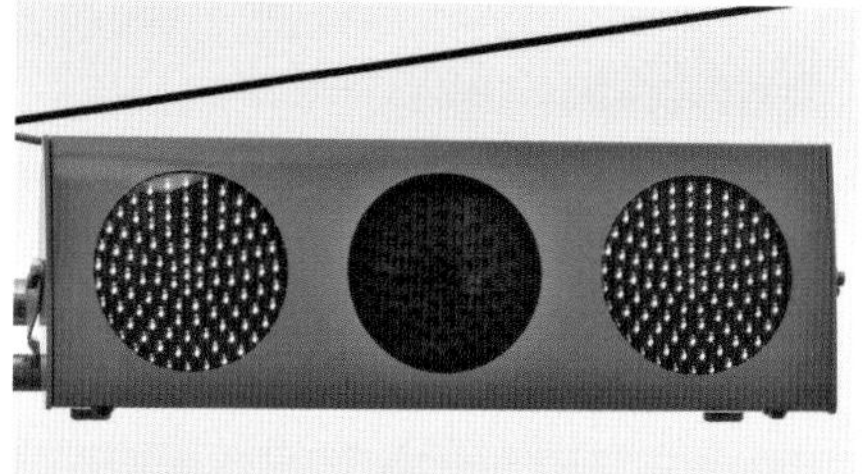
信号電材製低コスト型灯器を使用した3代目の黄・赤・黄灯器。仮設のためか通常の灰色のものが設置された。

多いため、配列並びにサイクルもそのまま受け継がれたのは非常にレアケースだ。

さらに2019(平成31)年には駅前のロータリー等の工事があり、このフラット型灯器も撤去されて、仮設の信号機が設置された。この仮設の信号電材製の低コスト灯器もなんと黄・赤・黄配列で、サイクルも同じだった。

3世代にわたって黄・赤・黄配列そしてダブル黄点滅が受け継がれたことになる。しかしこの仮設の黄・赤・黄灯器は残念ながら数カ月で撤去されてしまい、現在は通常配列の灯器が設置されている。短期間しか設置されなかった、はるか遠方の灯器を奇跡的に写真に収めることができて良かった。

33 青・黄・黄配列の予告信号

場所 徳島県徳島市川内町鈴江北（徳島ＩＣ付近の国道11号）

先に滋賀県の予告信号を紹介したが、今度は徳島県で標準となっている予告信号だ。徳島県では青・黄・赤……ではなくて青・黄・〝黄〟配列の予告信号が設置されている。前方の信号機が青のときは青、前方の信号機が黄や赤のときは中央と右の黄が交互に点滅する。

青のときは通常の青・黄・赤配列の灯器と同じ点灯位置の青が点灯するだけなので、レアものであることに気付きにくい。しかし中央の黄と右の黄が交互に点滅しはじめて初めて、右が赤ではなくて黄であることに違和感を覚える。この青・黄・黄配列の予告信号は徳島県以外では基本的に採用されておらず、徳島県名物の信号機ネタのひとつである。

なお徳島県はＬＥＤ化率が既に１００％近いため、予告信号も現在残っているものはすべてＬＥＤである。それゆえに点灯していない時の色が不明であるため、余計にこのネタに気付きにくくなっている。

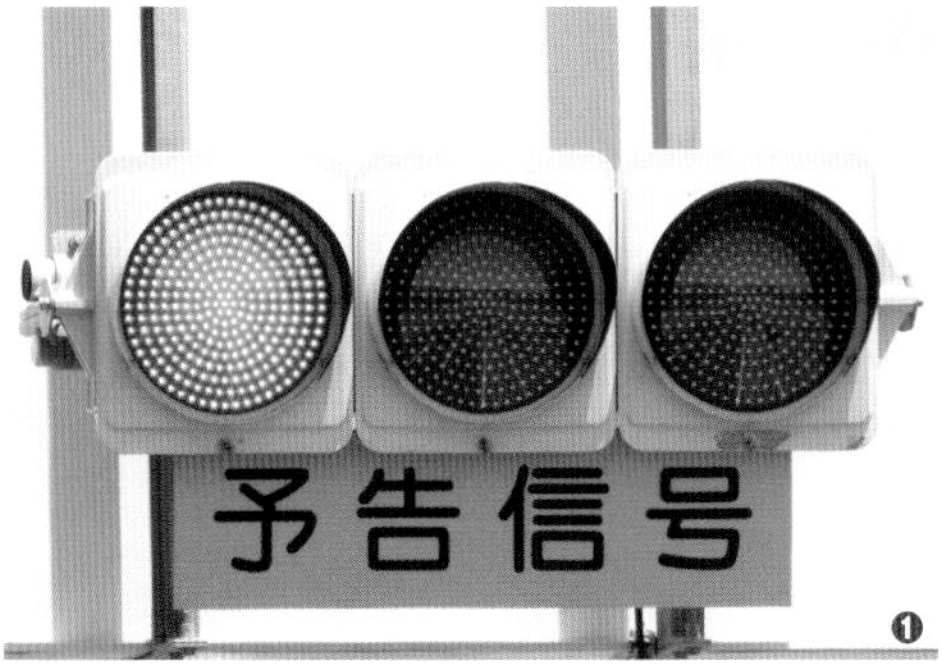

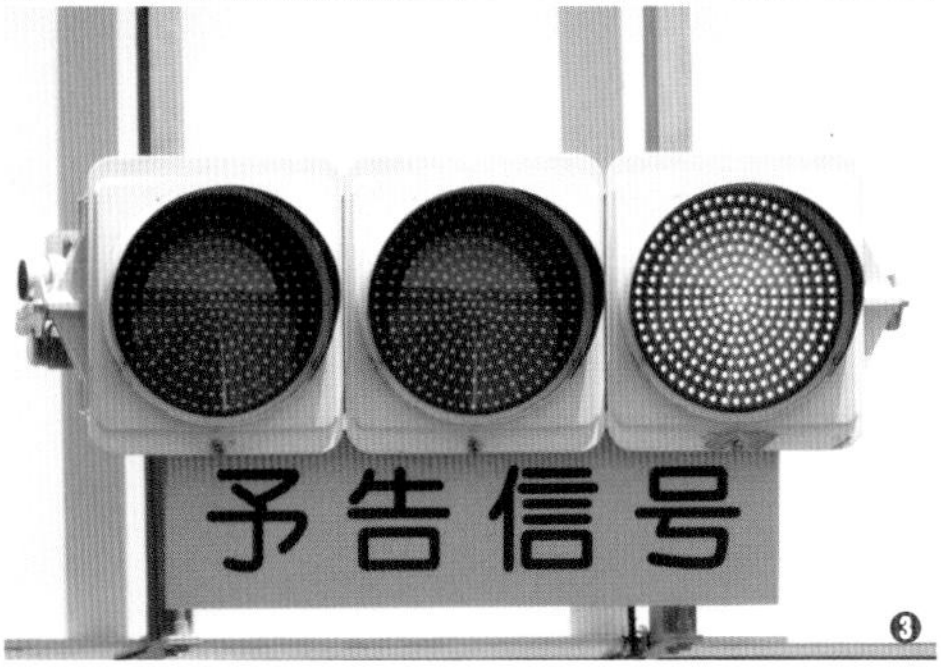

❶予告信号が青現示のとき、見た目は通常の青黄赤の3灯式と同じに見えるので違和感がない。
❷❸前方の信号機が黄・赤になると中央と右の黄色が点滅を始める。

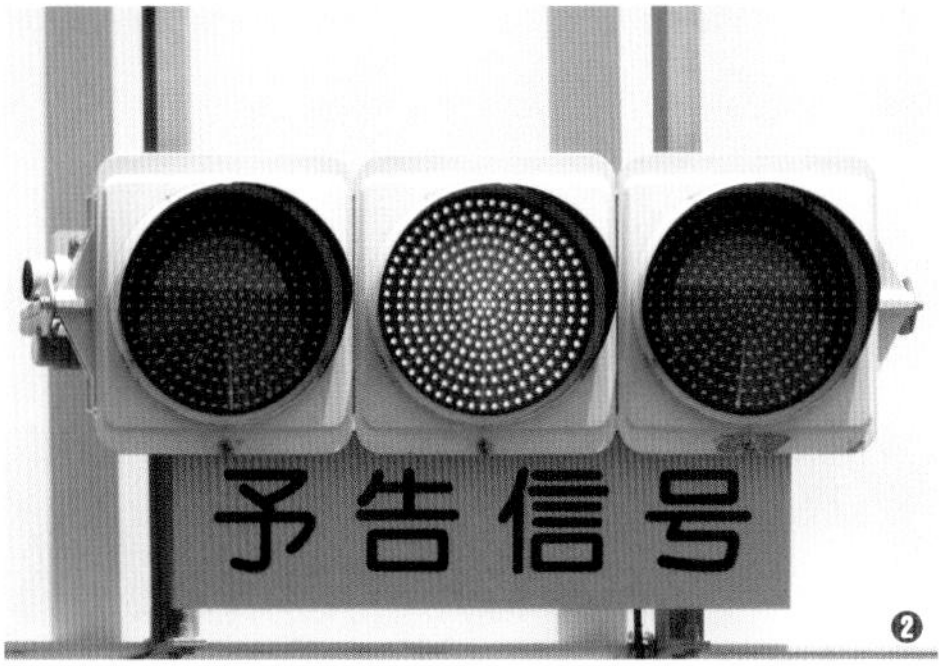

交差点の全景。歩道橋があるため信号機が見えにくく、予告信号が設置されているようだ。写真は右の黄の点灯状態。

交差点の様子。この右にある道路からはなんとしても見させない、という固い意思が感じられる。

庇にさらに庇を継ぎ足した灯器

場所　愛媛県新居浜市新田町1丁目5-42

34

鋭角交差点に設置されている灯器で、通常の円形の誤認防止用庇の上に、さらに通常の形状の庇を横向きに取り付けるという、庇の継ぎ足しをした設置となっている。正面以外の道路から灯火の色が見えないように庇を長くする意図だと思われるが、このような荒技を使った灯器はなかなか見たことがない。

なんとしてもこの信号機に従うべき道路以外の交差している右側の道路からはこの信号機の灯火は見せないぞ、という固い意思を感じる。単純に庇の長さを伸ばしたり、制限庇を使ったりという手法もある中で、このように庇を継ぎ足すという〝根性〟で打破する手法は涙ぐましい。

下から見上げると、徹底した誤認防止を図った荒技ぶりがよく分かる。よく見ると中央の継ぎ足した庇は、上のネジが外れている。

誤認防止用の筒状の庇の上に、さらに通常の庇を90度横向きに増設した信号機。

35 アンバランス設置

場所 愛媛県四国中央市妻鳥町１１７８（三島川之江ＩＣ入口交差点）

車線の右側に設置されたアンバランスな信号機。京三製（ＯＥＭ供給）の低コスト型信号機に、京三製の電球式の矢印が取り付けられている。矢印は普通のサイズなのだが、低コスト灯器の下に取り付けられると庇があるのも相まって大きく見える。

側面から見ると、低コスト型と電球式の厚みの差が歴然。

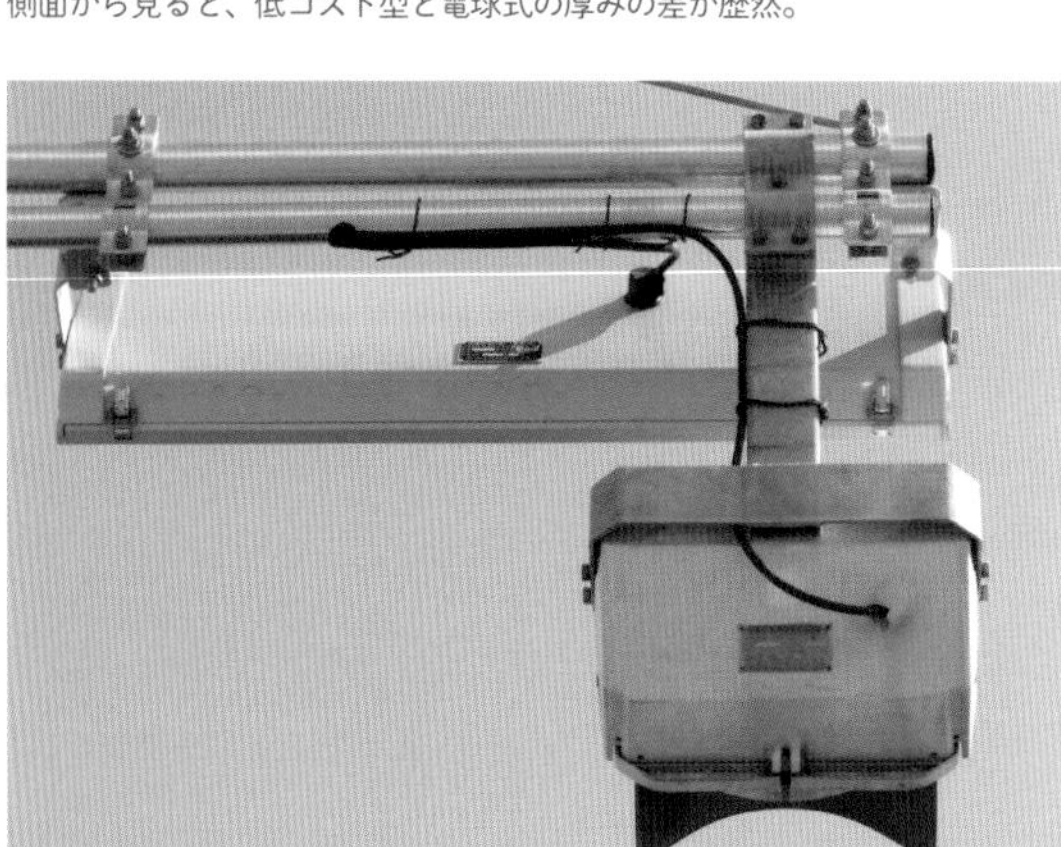

低コスト灯器から無理矢理取り付けた感が強い電球式矢印。矢印も平成製ではあるのだが、時代の変化を感じる。

松山自動車道の三島川之江インターチェンジの入口付近にある、国道11号と高速道路入口の大きな交差点にある信号機だ。大きな交差点らしく3灯式のほうは既に信号電材筐体の低コスト型信号機（銘板は京三製）に更新されているが、矢印がなぜか電球式のまま残っている。

近年、低コスト型灯器が急増し、矢印などを増設する際に3灯が電球式、矢印が低コスト型灯器というアンバランス設置ならばよく見られるし、矢印を後で追加したから矢印だけ低コスト型灯器になったという理由も納得だが、ここのものは3灯式を更新したにも関わらず、あえて元々あった電球式矢印はそのまま使うという、不思議なことをしている。

電球式の大きな矢印のほうが視認性が比較的良く、

まだ低コスト型灯器に更新しなくても使えるだろうと判断したのだろうか。そもそも矢印のほうが更新の進みが早いという傾向にあるため、こちらのように矢印だけ前の世代ということ自体、あまり見られない。

　いずれにしても低コスト型灯器はレンズの直径が250㎜で灯器の幅も小さいが、下に付いている電球式の矢印はレンズの直径が300㎜で、かつ分厚い筐体となっているため、アンバランスさが際立っている。また3灯式は庇がないのに対し、矢印は庇があるのでそれも違和感を助長している。

　矢印は京三製作所製のアルミ分割型で、3灯式の低コスト型が2019（令和元）年製、矢印は1995（平成7）年製となっており、24年の世代差がある。

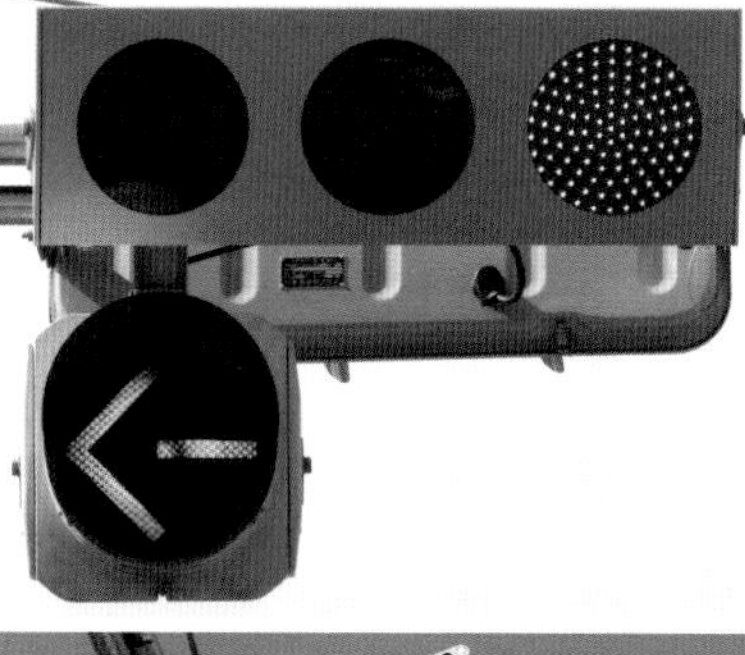

車線の左側に設置された信号機。背面の信号機は日本信号製だが、こちらは信号電材からOEM供給された京三製。矢印灯器は大きく、視認性は高そうだ。

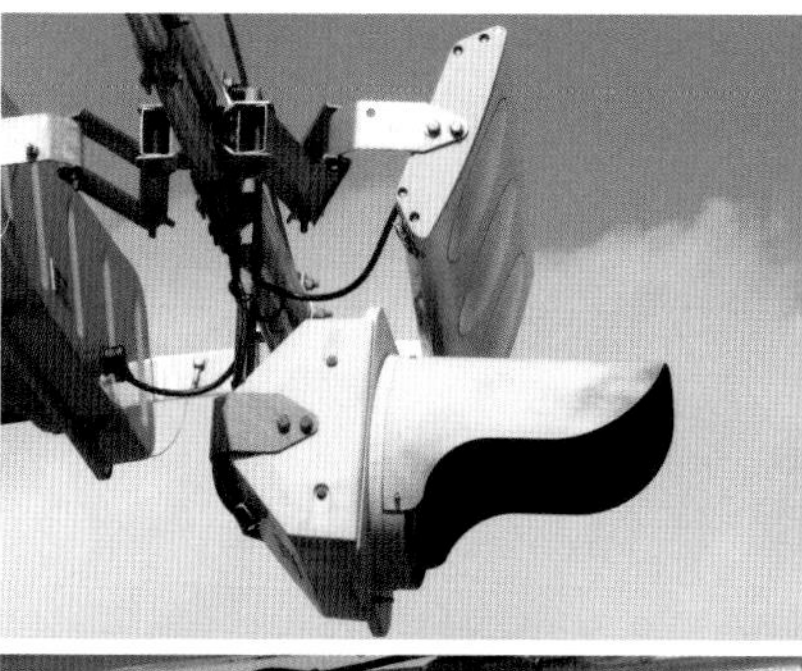

フラットな断面が印象的な低コスト灯器と、庇を含めて凹凸がある電球式矢印との違いが面白い。

矢印灯器をぶら下げる金具もごついものが使われている。

三島川之江IC入口交差点の全景。高速道路を下りてきて、国道11号と交差するところにある。右に曲がると高松方面、左に曲がると松山方面となる。

人型が逆向きの歩灯

場所 高知県高知市六泉寺町9-1

36

レンズが逆向きに装着された歩灯。人型が正しい向きの歩灯と比較すると、逆向きであることが一目瞭然で違和感しかない。逆向きの方は人型がぼやけて見える。

通常の歩灯（参考）。人型は向かって左に向かって進もうとしている。

一見普通の歩灯に見えるが、青のレンズの人型の向きが逆向きになっている（写真❶）。正しい向きは写真❷であり、並べてみると逆向きであることが分かるだろう。なぜレンズの人型が逆向きになっているかは不明だが、我々信号機マニアにとっては非常に違和感がある。

このような事例は前述の埼玉県でも確認しており、かつては北海道帯広市や青森県弘前市でも確認しているが、事例としては少ない。おそらくは単なる誤りと思われるので、そのうち修正や灯器更新がなされるかもしれない。

交差点の全景。引きで見ても我々マニアからしたら違和感しかないのだが、皆さんはどう思われるだろうか？

37

赤・黄・赤配列の縦型信号機

場所 佐賀県唐津市（矢代町交差点）

県道が青現示のときは、下の赤が点滅。一時停止し、左右の安全を確認して進行できる。

県道の押ボタンが押されると、通常の３灯信号機と同じように黄→赤と変わる。

鋭角交差点に設置されている赤・黄・赤配列の信号機。こちらも青がない配列となっており、非常にユニークだ。交差点はY字路となっており、交通量が非常に少ない路地側にこの赤・黄・赤灯器が設置されている（写真❻）。

この交差点は押ボタン式信号で、押されていないときは下の赤が点滅し、交通量の多いメインの県道側は青が点灯している。押ボタンが押されると県道側、路地側共に→黄→赤と変わり、歩灯が青に変わるというサイクルである。

道路が鋭角に交わっているので、車を進行させる現示となる下の赤には縦のスリット（制限庇）が入っていて、県道側からは灯火の色が見えないようになっている。

このように縦型かつ赤・黄・赤で、しかも下の赤だけ制限庇という組み合わせは全国でもここのみと思われる。なお佐賀県の降雪量は非常に少なく、縦型が標準の県ではないが、設置スペースの関係から縦型になっているようだ。

通常点滅している下の赤には縦のスリット（制限庇）が付き、県道側も路地側から誤認しないように青だけ縦のスリット（制限庇）が付いている。

矢代町交差点の全景。左右に県道があり、鋭角に交わる路地のところに押ボタン式の歩灯と横断歩道がある。「とびだし注意」の少年の看板がいい味を出している。

❹❺坂の下り側の信号機全景。右矢印に従ってタクシーが進んでいる。初めて通る人には、赤点灯時の停止位置に迷いそうだ。

❶❷❸坂の下り側に設置されている右矢印と赤の２灯式信号機。交互通行の区間前後にある３灯式信号機と連動している。裏側を見ると銘板が２つあるので、１灯式を２つくっつけたものであることがわかる。

38

片側交互通行区間の矢印・赤２灯式信号機

場所 長崎県佐世保市三浦町6

長崎県の長崎市や佐世保市は坂が急で狭い道路が多い港町。この信号機は佐世保市の狭い路地で、すれ違いができない交互通行の道路に設置されている。交互通行の入口にはそれぞれ３灯式の灯器があるものの、交互通行区間の中間に

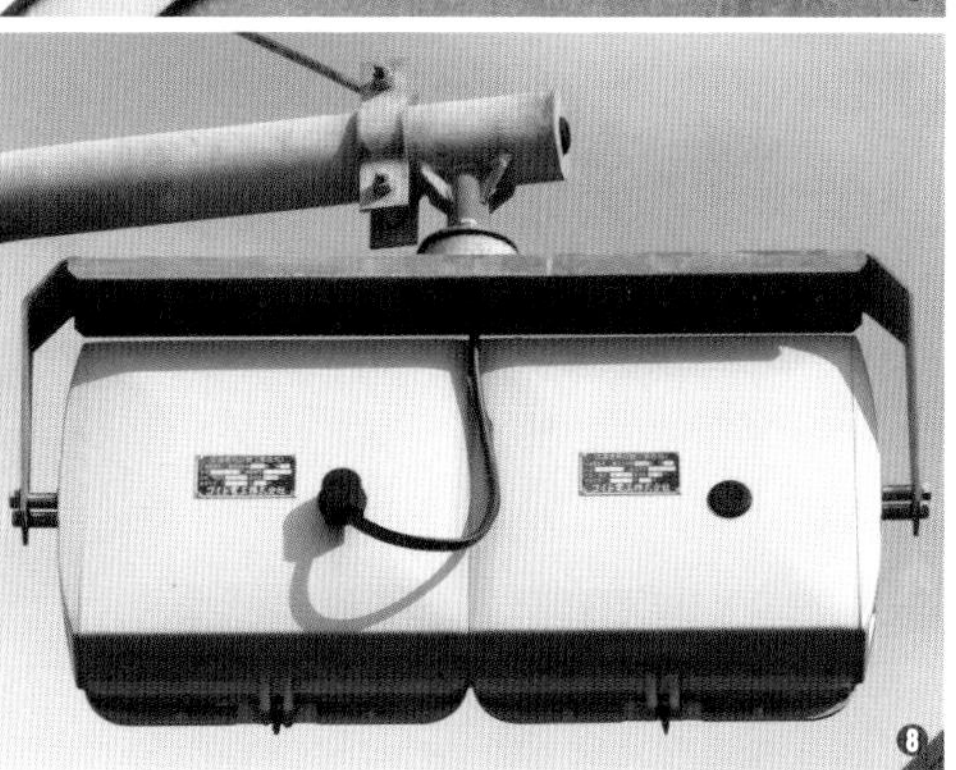

❻❼❽坂の上り側に設置されている左矢印と赤の2灯式信号機。こちらも交互通行の区間前後にある3灯式信号機と連動している。

❾❿坂の上り側の信号機全景。この信号機の先は道幅が広くなっている。

もこの矢印・赤2灯の灯器が設置されている。

写真❶〜❸と❻〜❽はそれぞれ逆方向に向けて設置されており、進行できるときは右矢印、左矢印がそれぞれ点灯する。3灯式ではなく矢印と赤の2灯式をあえて使用しているのは、交互通行で急カーブがある区間でスピードをとても出せる箇所ではないため、黄は不要と考えられているのかもしれない。

急カーブの手前にこの2灯式がそれぞれ設置されているので、青・赤の2灯式ではなく矢印・赤の2灯式となっている。灯器の銘板は矢印・赤それぞれの背面に取り付けられているため、元々別々で製造されたものを合体させたものと推測される。

新八代駅の駐車場に設置された「空・満」表示用の信号灯器。看板に青・赤の２灯が埋め込まれている。

39

駐車場で使用されている信号灯器

場所　熊本県八代市（新八代駅駐車場）

九州新幹線の停車駅である新八代（しんやつしろ）駅の駐車場で使用されている灯器だ。駐車場の空車か満車かを示すため、何かしらの灯器を設置している箇所は多いが、そのほとんどは普通の信号灯器とは違い、サイズが小さく、形も異なる独自の灯器が設置されていて、我々信号機マニアとしては残念な限りである。

しかしこの新八代駅の駐車場は、なんと2灯式の信号灯器が使われている。三協高分子の樹脂分割型の筐体で、銘板は京三製作所製となっている。青レンズに「空」、赤レンズに「満」の文字のステッカーが貼られていて、空車のときは青灯火の「空」のほうが点灯している。

ぜひとも満車となり、赤灯火が点灯しているところも見たいのだが、当然ながら満車にならないと見られない。駐車場が非常に広いことを鑑みるに、そうそう駐車場が満車となることはなさそうだ。

八代市では例年10月に大規模な花火大会があり、その際は満車となる可能性が高い。ということで、花火ではなくこの灯器を見に来る旅行というのもアリかもしれない。

正面から見ると、信号機マニアでないと信号機そのものだとは気付かないかもしれない。南口と高架下の2箇所を示すため、2つ並んでいるのもうれしい。

裏側を見ると、まさに信号機そのもの。銘板も取り付けられている。

斜めから見ると、庇や灯器の形状は2灯式の信号機そのものである。比較的低い位置に設置されているので迫力がある。

可動橋にある2灯式の角型信号機

場所 熊本県天草市亀場町亀川・志柿町
（本渡瀬戸歩道橋）

40

天草市の本渡（ほんど）地区の海峡に架かる歩道橋に設置されている信号機。2灯式となっており、しかもヴィンテージモノの小糸製の角型信号機となっている！　なぜ橋の手前に信号機があるかというと、この橋はいわゆる可動橋で、橋の下の海峡を船が往来する際に橋が上昇し、橋を渡ることができなくなるため、この信号機を赤にする必要があるからだ（写真❹）。

そのため、船が通るときしか赤が点灯しないので、それを狙わないと赤点灯時の撮影ができない。幸いなことに比較的頻繁に橋梁は昇降しているようで、私はそこまで撮影に苦労しなかった。

通常であれば縦型なので青は下になりそうなものだが、なぜか青が上となっているのも違和感がある。

全国各地には少ないながら可動橋がいくつかあり、その橋の手前に信号機が設置されていることも多い。大半がユニークな独自のものなので、信号機マニアにとってはお勧めスポットである。

❶ 歩行者が橋を渡れるときは青が点灯。小糸製角型信号機が現役で使われている。

❷ 橋が上がり船が通過するときは、赤が点灯して歩行者は橋を渡れなくなる。

❸ 通常は青が点灯し、歩行者は橋を渡れる。歩行者専用だが、単車もエンジンを止めて押して渡ることができる。

❹ 船が通るときは赤が点灯し、橋が上に上昇する。信号機の下では遮断器も下りている。

1灯式を集約した信号機は多いが、3灯式と1灯式を集約した信号機は珍しい。3灯側は通常、黄が点滅し、押ボタンが押されたときのみ3灯の色が変わる。

１灯式側は、３灯式側の黄と交互に赤が点滅していて、１灯式の集約信号機と同じような構造。

４方向集約設置の信号機

場所 熊本県熊本市南区城南町隈庄

黄の１灯式と赤の１灯式を４方向集約した点滅信号は日本全国に設置されているが（今は数が減少しており、また元々ほとんどない県もある）、熊本市のこちらの十字路交差点は３灯式を２方向、１灯式を２方向集約した設置で、全国的にも珍しい。

３灯がある側が大きな道路で、通常は３灯式の黄が点滅し、１灯式側は赤が点滅している。役割的には黄１灯式２方向と赤１灯式２方向のものとさほど変わらない。ただ３灯式のほうは押ボタンを押すと黄点滅から青↓黄↓赤と色が変わり、歩行者用信号機が青に変わる。いわば４方向の１灯点滅（黄１灯・赤１灯）の交差点と、通常の押ボタン式交差点をハイブリッドにしたような形といえよう。

交差点の全景。歩灯の押ボタンが押されたときに通常と違う動きをする。

42

矢印の配列がおかしな3灯矢印信号機

場所　鹿児島県曽於市大隅町岩川5713

鹿児島県曽於（そお）市大隅町中心部の国道269号の交差点にある灯器だ。通常、矢印の配列は←・↑・→となっているが、ここは←・→・↑となっていて違和感がすごいのだ。さらには左折・右折矢印には制限庇（正面以外から見えないようにスリットが入っている）、右端の直進矢印は通常の庇となっている。

この交差点は国道269号（本線）と側道が、一緒に進入するようになっている。国道269号（本線）側は直進のみ可だが、側道は直進・左折・右折すべてが可能になっていて、本線も側道もこの信号機に従うようになっている。

国道本線側から見ると、制限庇（左右制限）のおかげで左折・右折矢印は見えないため、直進矢印のみが点灯しているように見え、国道本線側の直進車はこれに従う（先述の通り国道側は直進のみ可）。一方、側道から見ると直進も左折矢印も同時に点灯しているように見えるという、まるでトリックのような方式になっている。

サイクルとしては赤＋直進・左折矢印→黄→赤→赤

①
赤＋直進・左折矢印の点灯状態。直進は通常の中央ではなく右に設けられている。左折矢印には縦スリットの制限庇が付く。

②
赤＋右折矢印の点灯状態。制限庇の付いた右折矢印が中央に収まる。

③

④
矢印の後は黄→赤と変化する。

十右折矢印↓黄↓赤となっており、赤十右折矢印が現示の際は、国道本線側からは制限庇により右折矢印が見えず、赤現示のように見える（そもそも本線側からは右折禁止なので赤現示と同等）。

この交差点は本線が片側1車線で、側道が左折・直進レーンと右折レーンで2車線、さらに実質サイクルが違う本線と側道の車が同時で進行するなど、問題が非常に多いサイクルとなっている（本線側の右左折禁止と側道側の信号現示がちゃんと守られれば問題はない）。

しかし、この信号機はやはり分かりにくいようで、道路にわざわざこの信号機を模したペイントがなされている。こんなペイント自体ごく稀だ。そもそもなぜ陸橋をもう少し延ばして、この交差点を過ぎてから側道と国道本線が合流するようにしなかったのか、不思議な道路構造である。

ちなみにこの灯器を設置しているアームも変わった形をしている。さらにポールの上には「弥五郎どん」を模した顔が鎮座しているのもまたユニークである。

灯器を設置するアームの形状も独特。頂上には鹿児島県に伝わる伝説の巨人「弥五郎どん」を模した顔が鎮座する。

信号機のサイクルと矢印の配置が独特なので、道路にも信号機の点灯状態を図示したペイントがされている。

43 センターポール型設置の信号機

場所 熊本県熊本市中央区水前寺２丁目

熊本市の市街地にある五差路交差点に設置されている信号機。なぜか交差点の真ん中に大胆にも信号柱を立て、５方向分の灯器をすべてこの信号柱に設置している。信号柱の足下は、車が突っ込むのを防止するためか、黄と黒に塗られた円柱形のコンクリートで囲まれている。

　交差点の真ん中に信号柱を立てるのは事故のリスクもあり、ほとんど事例がなく、同じ九州の長崎駅前や新潟県燕市に事例があるくらいで非常に珍しい。交差点自体は広く、５方向それぞれの道路向けに信号機を別々に設置するスペースも十分にある交差点ではあるが、真ん中に５方向すべてを集めたほうが効率的と考えての設置だろうか。

交差点の中央に設置されたセンターポール型設置の信号機。海外のものや、日本でも信号機黎明期の史料写真で見ることはあるが、いまも現役で実在しているのだ。

信号柱には、LED灯器が５方向に向けて設置されている。５基すべての高さがそろえられている。

交差点の全景。各方向の道路も道幅には余裕がある。

Chapter

5章

忘れられないレア信号機

長きにわたって珍しい信号機を求めて全国を旅してきたが、新しく効率のよい信号機の開発により、ここ数年は全国的に更新が著しかった。そんな中で、忘れられない信号機も数多い。歴史を感じる角型信号機をはじめ、レンズの配置、点灯の並びや大きさ、設置場所などがユニークだった信号機の中から、もう見ることはできないが、ぜひ伝えておきたい信号機をいくつか紹介しよう。

❶ 在りし日の角型信号機

東京都では２０１７（平成29）年度までにほぼ１００％の信号機がＬＥＤ化され、電球式の信号機自体を公道で見かけることはできなくなってしまった。現在では委任信号機などの特殊な例を除き、すべての信号機がＬＥＤ化されている。

しかし、東京都は日本一信号交差点の数が多いだけに、かつては更新が行き届かず、古い昭和40～50年代前半のヴィンテージものの角型信号機があちこちにあふれていた場所でもあった。具体的な時期でいえば２０１４（平成26）年度頃までは、信号機マニアの間で有名なヴィンテージ信号機が残る交差点がいくつかあり、聖地のようになっていた。

また、信号交差点の多さが2番目である愛知県も同じ状況であり、こちらは２０１７年度頃までは路地や郊外に残るヴィンテージ信号機を楽しむことができたが、こちらは同年度に低コスト型のＬＥＤ信号機が導入されてから更新が急加速し、２０２２（令和４）年度には角型信号機が絶滅してしまっている。

まずは、ボロボロになりながらも活躍する姿に信号機マニアが涙した、角型信号機の雄姿を交差点ごとに紹介していく。

1 東京都に一番最後まで残った角型矢印

場所 東京都羽村市（羽東1丁目交差点）

東京都の西部に位置する青梅線沿線の羽村市にあった角型信号機。この交差点にはかつて小糸製の角型矢印が残っていた。角型の矢印灯器は、矢印灯器がそもそも交通量の多い大きな交差点に設置されている関係上、どうしても更新が進むのが早い。２０１４（平成26）年時点で残っていたのはここと、後ほど紹介する宮城県仙台市の京三製の角型矢印のみだった（路面電車用を除く）。

矢印には銘板が付いていなかったが、上にある3灯式の銘板が１９７１（昭和46）年製となっており、同型のものであるため、同じくらいの製造ではと推測される。錆が非常に進行しており、年代以上に古く見えてしまうが、それもまた味があるといえよう。
筆者は2011（平成23）年と2014（平成26）年の2回訪れているが、初めて現物を見たときの感動は非常に大きかった。個人的には羽村、ひいては青梅線沿線といえば「ここ」といったイメージがいまだにある。この灯器は2016（平成28）年10月まで残存し、仙台のものが撤去された後もしばらく残っていたため、全国でも最後まで残った角型矢印（路面電車用を除く）となった。

なお、本来左矢印は青の下に設置されるはずであるが、この灯器は赤の下に取り付けられていたことも付け加えておく（昔はこのような設置が多かったようだ）。この交差点には角型矢印の手前側にも同世代の錆び錆びの小糸製の角型があり、昭和の情緒にあふれる素晴らしい交差点だった。

❶角型3灯に角型矢印まで付いた、東京都内で最後まで残った角型矢印信号機。
❷背面もすっかり錆びきっている。銘板の製造年は2桁の刻印で（19）71年製。

奥のオレンジ色の店舗の前にあるのが角型矢印。その手前の交差点にも角型が2基あり、昭和を感じさせる光景だ。

進入禁止の交差点で、直進を防ぐために矢印が設置されたようだ。

2 東京都にかつてあった青・黄・赤ではない角型

場所　東京都大田区田園調布本町（沼部駅前）

東京都はかつて黄・黄・赤配列や赤・黄・赤配列の信号機を、主に踏切に隣接する交差点で用いていた。そのほとんどはLED化の際に通常の配列に戻されており、LEDでも黄・黄・赤や赤・黄・赤が残っているものは黄・黄・赤が1カ所、赤・黄・赤が2カ所（うち1カ所は同じ交差点に赤・赤・赤配列も！）のみである（左黄・左赤が点灯するもののみカウント）。

そんな中、2012（平成24）年頃までは黄・黄・赤でかつ、角型というレアものを詰め合わせた信号機マニア垂涎もののネタも存在した！ 筆者が東京都で信号機撮影を本格的に始めたのは2011（平成23）年なので、ぎりぎり撮影することができた。しかもこの交差点は小糸製の横の角型の黄・黄・赤と、京三製の縦の角型の2種類が楽しめる超豪華な交差点だった！

東急多摩川線沼部駅のすぐ近くの交差点にあり、その信号交差点を過ぎたすぐ先に踏切があるため、青で進行させては危ないということで、青の代わりに横型のほうは左の黄、縦型のほうは下の黄を点滅させるサイクルとなっている。このあたりは閑静な住宅街で、観光地とはとても言いがたいが、当時高校2年生だった私が一番胸を膨らませて行った〝観光地〟であった。

❶横型の角型信号機は小糸製。黄・黄・赤のレンズが並び、通常は左の黄が点滅する。
❷縦型の角型信号機は京三製。こちらも下から黄・黄・赤で、通常は下の黄が点滅する。

❸縦型側から見た信号機。横と縦は逆方向を向いている。
❹横型側から見た信号機。その先に東急多摩川線の踏切があり、進行に注意を促す。

時はさらに遡り、2009（平成21）年1月。筆者がまだ中学1年生で、北海道外で初めて信号機撮影をしたときである。東京メトロ有楽町線江戸川橋駅からすぐ近くの、片側2車線の大きな通りにある押ボタン式交差点に、両面が一体型の角型信号機がひっそりと残っていた。

当時は、このような両面が一体型となった古い灯器特有の形態をした灯器自体は、まだそれなりの数が残っていた。ただ、この交差点に残っていたのは1968（昭和43）年に小糸製作所が信号機製造を小糸工業に移行する前、すなわち銘板が「小糸製作所」製となっている角型信号機だった。つまり、小糸製作所製自体がそれ以前の製造であり、2009年当時でさえ激レアだったが、その両面一体型となるとかなりの昔から、既にここにしか残っていなかった超化石級のヴィンテージものなのである。そのような貴重な灯器が23区内の東京メトロ有楽町線の駅近にあったこと自体、当時でも奇跡といえるだろう。

ちなみにこの灯器は、2009年中には撤去されてしまったので、撮影できたのは運が良かった。

当時、ズームがまったく使えないコンパクトデジタルカメラを使用していたため、肝心の銘板を撮影できていないが、後の小糸工業の世代の両面一体型は側面に銘板が付いているのに対し、これは灯器の下。また、レンズの色が非常に暗く黒っぽい色をしているなどの特徴がある。

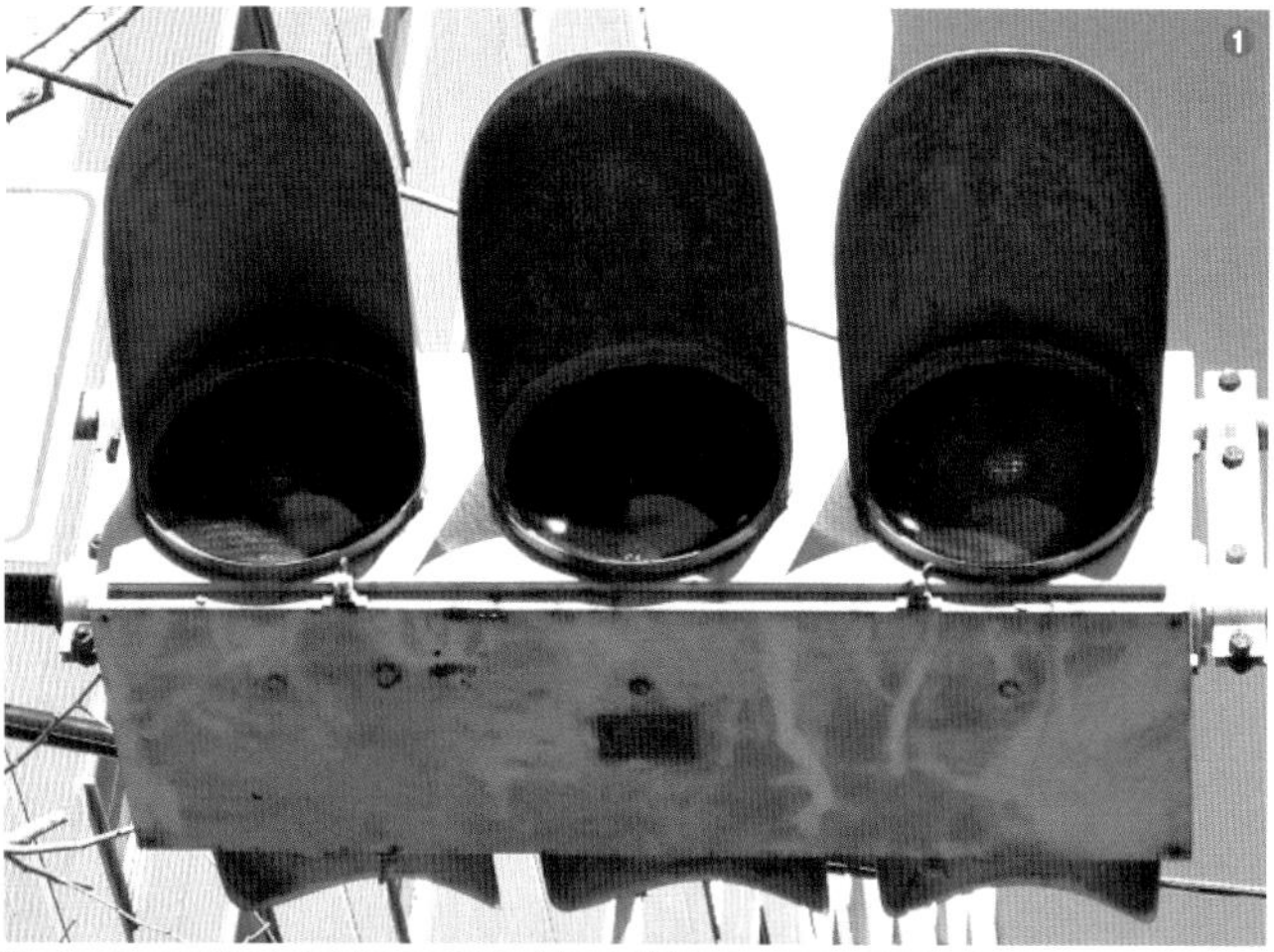

3 東京都心にひっそり残っていた激古両面一体型の角型

場所 東京都新宿区山吹町（山吹町北交差点）

❶小糸製作所時代に製造された両面一体型の角型信号機。灯器の下に銘板が付いているのが分かる。

❷両面一体型とは、信号機の両側にレンズが付いたもの。角型信号機が使われていた当時には、このタイプの信号機が結構あった。

4 錆び錆びの縦角型信号機

場所 東京都板橋区（常盤台３丁目交差点）

現在は見る影もないが、板橋区といえば2015（平成27）年頃までは、ヴィンテージものの角型信号機が集中して残っている地区として名を馳せていた。筆者も一時期は東武東上線や都営三田線のほうが、地元の鉄道よりも高頻度で乗っているという時期があったほど頻繁に足を運んでいた。

その中でも特に印象に残っているのが、東武東上線ときわ台駅のすぐ近くにあった縦型の非常に古い角型信号機だ。やや見通しが悪い交差点となっているため、交差点手前側に縦型灯器を設置したと思われ、ひっそりと1基だけ残っていた。

奥の横型の角型も、現在となってはほとんど見られないものだが、こちらは1975（昭和50）年製であるのに対し、縦の角型のほうは1967（昭和42）年製とさらに8年も古い。その古さは錆び錆びの筐体を見れば伝わるかと思う。特に背面や側面、庇はまるで茶塗装であったかのような錆び具合である。昭和40年代前半の灯器が、東京都内で2016（平成28）年に更新されるまで残っていたこと自体が奇跡としかいいようがない。

銘板の数字はだいぶ見えなくなっていたが、製造年次には昭和42年の刻印がある。

電柱に取り付けられた縦型の角型信号機。1967年製のまさにヴィンテージ信号機。中心に円形の模様があるのは、日本信号製の200㎜レンズの特徴。

なお、この灯器はレンズの直径が200㎜で、現在よく設置されている250㎜や300㎜から見ると一回り小さいこともあって可愛らしく見える。レンズはこの時代のスタンダードである濃い黒っぽい色のもの。日本信号製の200㎜のレンズは、中心に大きく円形の模様があるのが特徴である。

交差点の全景。手前に1967年製の縦型、奥に1975年製の横型が連続した状態で、2016年まで設置されていた。

5 1灯式だけ奇跡的にヴィンテージものが残存していた交差点

場所 東京都葛飾区西新小岩3丁目

2017（平成29）年3月に、角型の3灯式は東京都の公道から残念ながら姿を消した。しかし、交通量の少ない道路向けに設置される常時赤点滅し、一時停止を促す赤の1灯式の灯器では、3灯式よりも更新の優先度が低いためか、3灯式の角型が絶滅した後も角型がいくつか残っていた。

その赤の角型1灯式も次第に「止まれ」標識に置き換わっていき、そのほとんどが姿を消したが、2018（平成30）年4月当時では、足立区竹ノ塚に小糸製のものが2カ所、葛飾区西新小岩に京三製のものが1カ所残っていた。

足立区に残っていたものは1976（昭和51）年製と1977（昭和52）年製だったが、今回紹介する西新小岩にあったものは1973（昭和48）年製とひときわ古いもので、おそらく当時公道に残る最古かつ唯一の昭和40年代製の車両用信号機であったと推測される。この1灯式も錆がひどく、最初から茶色に塗装されていたかのような錆び具合である。

また銘板に特徴があり、一番上の名称の欄が「信〝號〟灯」と、号が旧字体となっているのが時代を感じさせる。この名称欄は1974（昭和49）年に「車両用交通信号灯器」という名称に変更されたため、「信號灯」はそれ以前に製造されたものに使われた名称となる。ペアを組む3灯式は既に薄型LEDへ交換されており、ジェネレー

❶葛飾区西新小岩に残存していた、1973年京三製の1灯式角型信号機。
❷背面もすっかり錆びている。電球の交換には上から蓋を開ける。
❸銘板はくっきりしていて、「信號灯」「昭和48年7月製造」がいずれもはっきりと読み取れる。

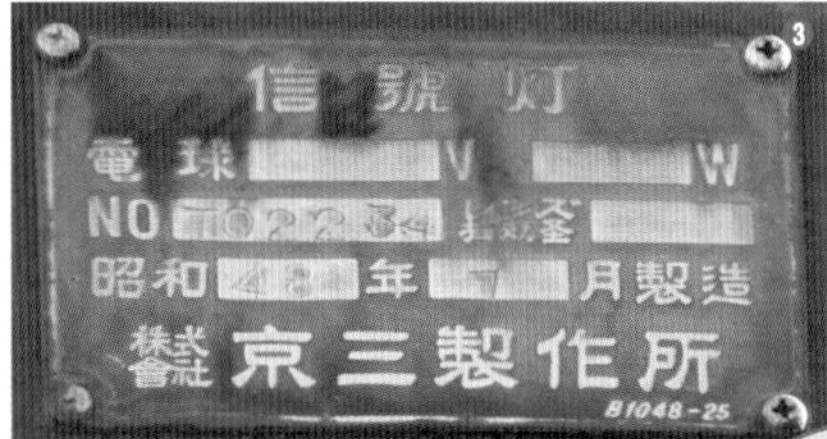

ションギャップも面白いところである。

ちなみに筆者は2018（平成30）年6月に「タモリ倶楽部」というテレビ番組に出演し、その際に先述の小糸の2カ所とここの計3カ所の角型の赤1灯式をロケで回った。初めてのテレビ出演であるだけでなく、推しメンであるAKB48（当時）の柏木由紀さんに番組内で共演させていただき、ド緊張で噛み噛みながらも紹介した。そういう意味でも非常に思い出深い。

1灯式角型信号機（左）と、本線側の3灯式薄型LED信号機。この対比も面白い。

1灯式角型信号機（左）と、本線側の3灯式薄型LED信号機。この対比も面白い。

6 仙台市のど真ん中に設置されていた角型矢印

場所 宮城県仙台市青葉区（中央２丁目交差点）

ところかわって宮城県。2015（平成27）年まで、仙台駅すぐ近くにある片側3車線の幹線道路同士の非常に大きな交差点に、角型3灯式＋角型矢印の信号機が奇跡的に残っていた。東京都羽村市の交差点の項でも記したが、2015年時点で既に角型の矢印灯器自体がもう絶滅寸前である中、このような大きな交差点の、しかもメインの信号機として鎮座していること自体が本当に奇跡としかいいようがなかった。

3灯式も矢印も京三製で、大きな道路に設置されていることもあって、レンズ径は角型世代の灯器に多かった250㎜（神奈川県、千葉県等を除く）ではなく300㎜のものとなっている。しかも3灯式については1971（昭和46）年製と非常に古く、名称も「三位交通信〝號〟機」と旧字体が用いられている。

矢印のほうは1980（昭和55）年製と2世代ほど新しい。角型にしては極めて新しいもので、本来ならば丸型が設置されている世代ではあるが、3灯式に合わせるためにあえて採用されたのか、矢印灯器も角型となっている。

仙台駅前の高層ビル街にある著しく交通量の多い信号交差点の主役として活躍していた角型の3灯式＋角型矢印だが、2015（平成27）年についに撤去。日本最後の角型矢印の座は、前出の羽村市のものに明け渡すこととなった。

仙台市の中心部に設置されていた角型の信号機と矢印。製造された年代はそれぞれ異なる。

❶３灯式信号機に付けられた「三位交通信號機」「昭和46年１月製造」の銘板。
❷矢印信号機には「金属製車両用交通信号灯器」「昭和55年１月」の銘板。

信号機は愛宕上杉通を跨ぐ歩道橋に設置されていた。

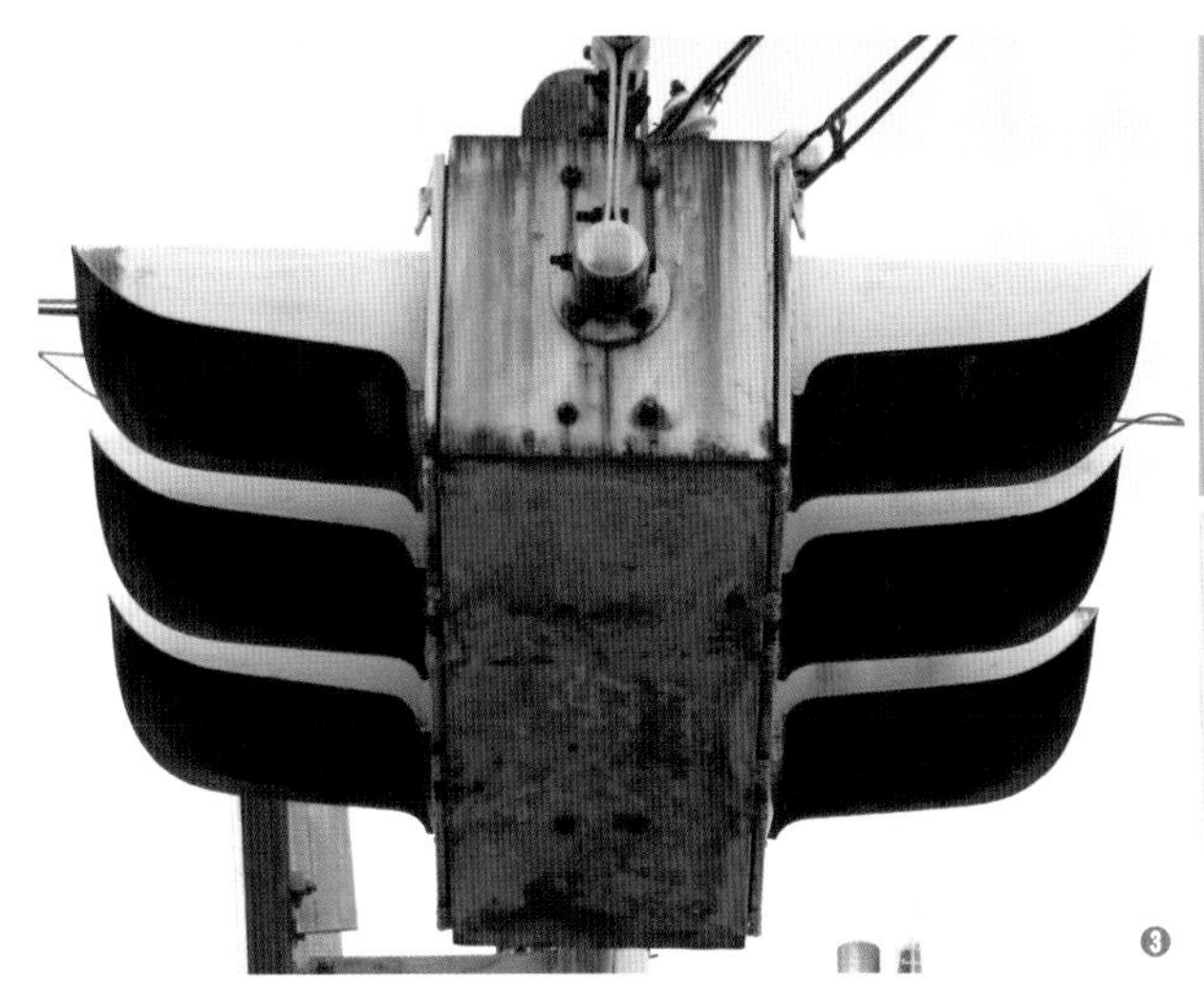

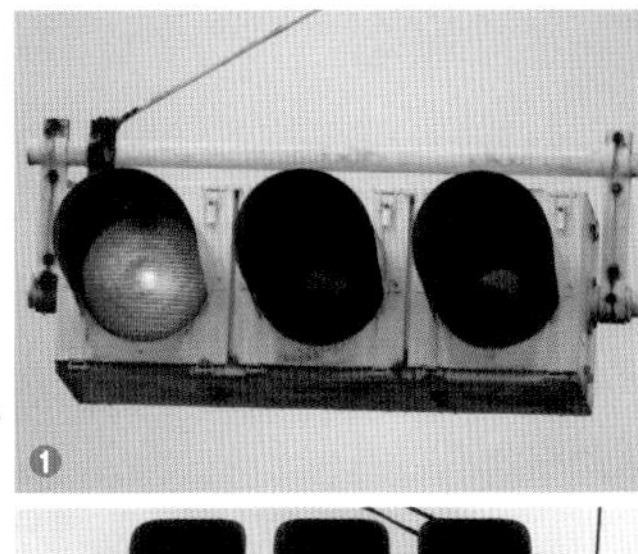

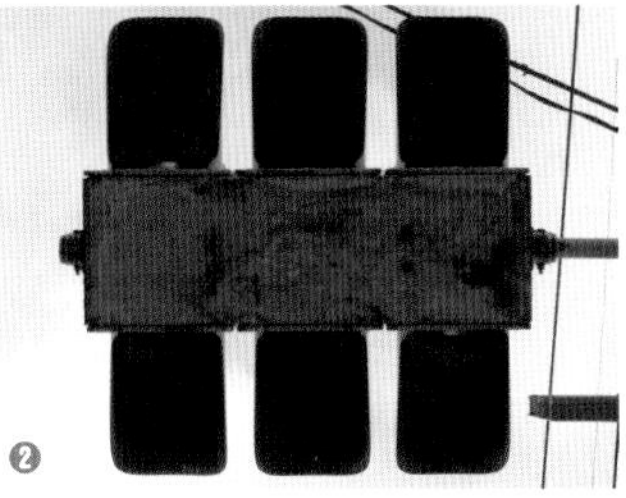

❶日本で最後となった両面一体型の角型信号機。筐体は白く塗装されていて、ほかの信号機と比べると錆が少ない。
❷箱形の両側にレンズが付く両面一体型の角型信号機。
❸両面一体型の角型信号機を見上げた様子。前後に同じ形をしている。

鋭角に交わる十字路の両側に両面一体型の角型信号機が設置されていた、奇跡のような交差点。

7

日本最後の両面一体型の角型信号機

場所 愛知県豊田市（陣中町２丁目交差点）

古い信号機が多かった愛知県でも今では更新が進み、昭和40年代の古灯器はほとんど見られなくなってしまったが、2017（平成29）年頃までは古灯器の聖地だった。

前述の新宿区山吹町北の項で、両面一体型の角型自体は当時はほかにもあったと記したが、最後まで残ったものがこれ。1972（昭和47）年の小糸製で、愛知県豊田市に2018（平成30）年11月まで設置されていた。東京都で角型3灯式が絶滅してからさらに1年半後のことである。

愛知県豊田市はかつて昭和40年代の古灯器が多く残っており、いくつか激レアものもあったため、この街自体がかつては信号機マニアの聖地的な場所であった。この交差点は両面一体型の角型が2基もあり、昭和50年代前半以前の両面一体型信号機の形状を平成末期まで伝える貴重な史料のひとつであった。

この交差点も国道沿いであり、2018年まで残ったこと自体が奇跡といえるだろう。なお愛知県の古灯器はほとんどが白く再塗装されており、錆が分からなくなっているので、見た目はあまり古そうに見えないものが多い。

8 昭和30〜40年代前半の激古オールスターな交差点

場所 愛知県豊田市若林東町上外根（若林東町新屋敷交差点）

同じく愛知県豊田市にかつてあった、相当古い角型信号機たちである。この交差点には角型が3基あったのだが、いずれもメーカーや仕様が異なっており、２０１４（平成26）年当時でも非常に珍しい、いわば角型のオールスター的な交差点であった。

まず最初に紹介するのが、京三製のかなり古い角型で、なんと１９６４（昭和39）年製！　昭和30年代の角型である！　２０１４年当時でも公道に残っている角型の３灯式では圧倒的に最古であったはずだ。古い世代の角型の例に漏れず、非常に黒っぽい濃い色のレンズを使用している（写真❶）。

次に紹介するのが小糸「製作所」製の角型信号機（写真❷）。新宿区山吹町のものの片面バージョンと考えてよい。こちらも１９６７（昭和42）年製と、当時でも非常に古い世代で、ほかではほとんど見られない（愛知県内ではここのほか、２０２３〈令和５〉年まで残った阿久比町の卯坂交差点のものがあった）。こちらも非常に黒っぽい色合いのレンズを使用している。

最後に紹介するのが１９６８（昭和43）年製の京三製の角型で、これでもこの交差点では一番新しい角型となるが、それでも相当古い世代のものである（写真❸）。こちらは１９６８〜70（昭和43〜45）年頃に使用されていた、青が黄緑色

❶京三製作所・1964年製の角型信号機。2015年まで50年にわたって使用された。黒っぽく見えるほど濃い色のレンズもヴィンテージ信号機の特徴。

っぽく赤が橙色っぽいレンズを使用しており、貴重なものである。加えて緑と白の縞模様の背面板が取り付けられている。背面板は、愛知県内では歩道橋などで灯器を目立たせるためによく設置されていた。このような貴重な灯器のオンパレードだった交差点であるが、2015（平成27）年には撤去されてしまった。

筆者は2010（平成22）年と2014（平成26）年の2度訪問しており、初めて来たときは飛び跳ねて喜んだ。

❷小糸製作所・1967年製の角型信号機。非常に黒っぽい色合いのレンズだが、ブルーは小糸らしい色で灯る。

❸京三製作所・1968年製の角型信号機。青が黄緑色、赤が橙色っぽいレンズで、小糸製とは色味が異なる。

9

高架下のロータリーにひっそりと残る縦の角型

場所 愛知県名古屋市中川区愛知町（黄金跨線橋下交差点）

名古屋市中川区もかつては古灯器の聖地的な場所だった。特に有名だったのがこの交差点で、まず立地が面白い。Y字路の交差点の上に鉄道の跨線橋（高架）があるのだが、その跨線橋もY字路となっており、Y字路が2階建ての交差点である。

ここで紹介するのは下の交差点のほう。この交差点は、跨線橋の橋桁を避けるように、まわりがロータリー形式という、また珍しい交差点である。そのロータリー部分にかつて設置されていたのが貴重な縦型の角型だ。

角型灯器が残っていたころ、圧倒的に多かったレンズの直径は250㎜だった。これは300㎜の角型がそもそも1969（昭和44）年頃と後になって登場したことと、300㎜の角型は主に大きな通りに設置されており、更新が早かったことなどが挙げられる。2010（平成22）年時点では既に全国的にも数えるほどしかなかった（京三製の300㎜の角型は、当時は神奈川県のみに大量にあった）。

①

②

この交差点にはその珍しい300㎜の日本信号製、しかも縦型のもの。縦型の300㎜の角型自体がごくごく稀なものなので、かなり昔からここにしかなかったと思われる。ロータリーのまわりに4基も設置されていて、目立たせるようにこちらも白と緑の背面板が設置されていた。

筆者は2010(平成22)年、2014(平成26)年、2016(平成28)年と3回訪れたが、2017(平成29)年に撤去された。

跨線橋の柱の脇に立てられた電柱に付けられた信号機。奥に赤が点灯したもう1基の角型信号機が見える。

中央部がロータリーになったユニークな交差点の全景。計4基の縦型3灯式の角型信号機が設置され、うち3基が見える。

❶❷❸高架下に設置された縦型の角型信号機。300㎜の大きなレンズの縦型は全国でも希少。背面板の裏側には錆も見られるが、高架下で雨風や直射日光を避けられるからか、年式の割に程度がよい。

蟹江町と名古屋市港区の境目付近の、東海通という幹線道路にかつて設置されていた縦型の角型だ。こちらも灯器を目立たせるため、白と緑の縞模様の背面板が取り付けられているが、その白の部分も茶色く変色しており、時代を感じさせる。

その背面板の左側には「歩行者専用」との記述。そう、この灯器は完全に車両用の信号機の形をしているものの、横断歩道に設置されており、歩行者用信号機として使用されていたのだ。そもそも、現在の人型が描かれた2灯式の歩行者用信号機は1966（昭和41）年頃に製造を開始しているので、それ以前はこのように車両用の縦型3灯等も使用していたと推測される。

ちなみにこの灯器は1965（昭和40）年製で、銘

❶縦型３灯式の角型信号機。だいぶ色が褪せているが、背面板の左側に「歩行者専用」と書かれている。人型のある信号灯器が開発されるまで、歩灯として使われていたようだ。
❷角型信号機の裏側。こちら側は全体が白く塗装されている。

10 古い歩行者専用の信号機があった交差点

場所 愛知県海部郡蟹江町舟入４（河合小橋交差点）

板は「三位交通信〝號〟機」となっている。レンズの直径は東京都板橋区常盤台のものと同じ200㎜と小さいサイズのものとなっていて、かなり濃い黒っぽい色をしている。

愛知県内では歩行者用の信号機が1966（昭和41）年に導入されてからも、このように車両用の縦型信号機を歩行者・自転車用の信号機として用いていたようで、もう少し新しい世代の角型も同じ用途で使われていた箇所がある。

1965（昭和40）年製のこの灯器も非常に貴重で、惜しくも撤去された2017（平成29）年当時ではおそらく最古の3灯式の灯器だった。現在は通常の歩行者用信号機（電球式）に更新されている。

銘板には「三位交通信號機」「昭和40年８月製造」と書かれているのが読み取れる。

通常なら歩灯が付く位置に設置された縦型３灯式の角型信号機。自動車用の３灯式信号機との位置関係が面白い。

京都府に残っていた角型黄1灯

場所 京都府京都市山科区四ノ宮　京都東ＩＣ付近

11

京都府と滋賀県の境に近い名神高速道路京都東ＩＣの、一般道への出口と三条通が合流する地点にかつて設置されていた角型の黄1灯式信号機だ。合流地点に設置されているが、どちらかが赤点滅で優先道路を示すものではなく、どちらの道路側も黄点滅で、合流した先に通常の信号交差点があるため、その予告信号として前方にある信号交差点の注意を促している。

京都府の予告信号は前方の信号機が青のときは消灯し、前方の信号機が黄や赤のときは黄の1灯式が点滅するものがスタンダードで、この場所でも同様のサイクルとなっていた。灯器は京三製で、銘板がないため製造年月は分からないが、おそらく昭和40年代の製造と思われる。

この1灯式のもう一つの特徴は、信号機を目立たせる背面板がそれぞれに設置されており、それが現在見かけるものは正方形に近い形なのに対し、この交差点にあるものは六角形になっている。この形は昭和40年代頃に設置されたタイプで、現在はほとんど見ることができない（かつては東京都にもあったが、現在は兵庫県神戸市で1カ所確認しているのみ）。

このＩＣは、高速道路で京都市東部へ行く場合の玄関口といえる場所で、筆者は修学旅行で初めてここを通り、観光地よりもこの信号機に感動した。２０１５（平成27）年頃に残念ながら京三製のＶＳＳ型の黄1灯に交換された。

一般道（左）と高速道路からの直進（右）の合流地点に設けられ、予告信号的にどちらも黄１灯が点滅する。

信号機の背面。灯器とともに背面板もアームに固定されている。銘板は見当たらなかった。

角型の黄１灯と六角形の背面板が印象的な信号機。

❷ かつてあった印象に残る古灯器

全国の信号機を探求し続けて、今なお私の印象に強く残っている角型信号機以外の古灯器を紹介していく。

12 宮城県にかつてあった錆び錆びで切れなさそうな包丁灯器

場所 宮城県栗原市若柳川南道伝前

１９７１（昭和46）年頃から１９７５（昭和50）年まで、小糸製の丸型は上部のアームを灯器に串刺ししたような見た目の設置方法を取っており、通称「包丁灯器」と呼ばれている。この灯器も非常に古く、２０２４（令和６）年現在では静岡県にわずかに残るのみであるが、最近まで宮城県や大阪府などでも設置されていた。

静岡県は愛知県と同様に、古灯器に再塗装が施されていることもあり、見た目はきれいに見える。ところが、宮城県や大阪府はそういったことを施していないものが多く、宮城県栗原市にかつてあった包丁灯器はものの見事に茶色に錆びていた。これだけ焦げたように錆びていたら、包丁としてはだいぶ切れ味が悪そうである。

ちなみにこの灯器は包丁灯器世代の中でもかなり初期の１９７２（昭和47）年製であり、年数も相当経っていることが状態からも伺える。残念ながら２０２０（令和２）年にはこの交差点の信号機自体が廃止となってしまい、撤去された。

背面も錆だらけだが、小糸工業、1972年7月製はしっかり読み取れた。

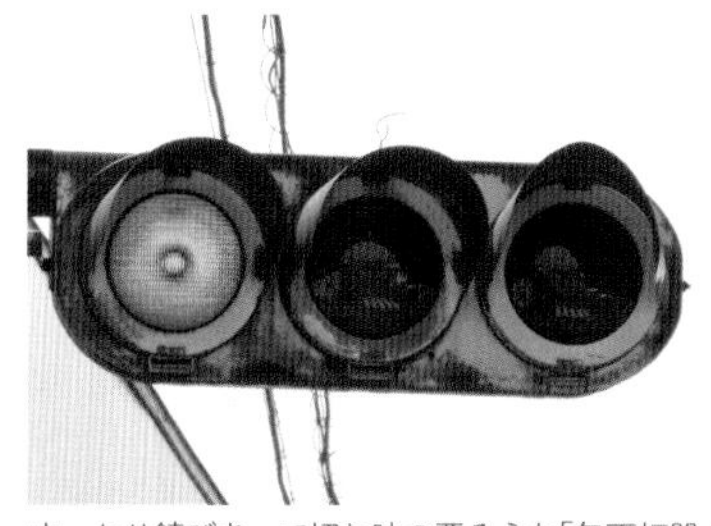
すっかり錆びきって切れ味の悪そうな「包丁灯器」。

背面を見ると、包丁灯器の形状や特徴がよく分かる。

信号機は錆びきっているが、そこに付く「半感応式」の看板はきれいだった。

札幌駅 バスターミナル内にあった信号機

場所 北海道札幌市中央区北５条西２丁目

13

筆者の故郷であり、24年間住んでいた札幌市の玄関口である札幌駅。駅に隣接してバスターミナルがあり、高速バス・路線バスが各地へ発着していた。このバスターミナル内には横断歩道があり、押ボタン式の交差点となっていて、信号機も設置されていた。

ここにあった信号機が非常にユニークで、ほかではなかなか見られない灯器が集まっていて、見ものだった。まず歩行者用信号機はなぜかレンズに人型が描かれていない。山口県等で自転車用の信号機として、あえて人型が描かれていない歩行者用信号機が設置されているケースは見たことがあるが、この信号機はバスターミナルを横断する歩行者用であり、人型が描かれた通常の歩行者用信号機を設置してもいいような気がするが、不思議である。人型が描かれておらず青や赤に光るのは少し不気味だ。

バスが従う信号機のほうは庇がない小糸製のアルミ製電球式灯器で、庇がないのはバスターミナルの屋内に設置されているためと考えられる。今でこそ低コス

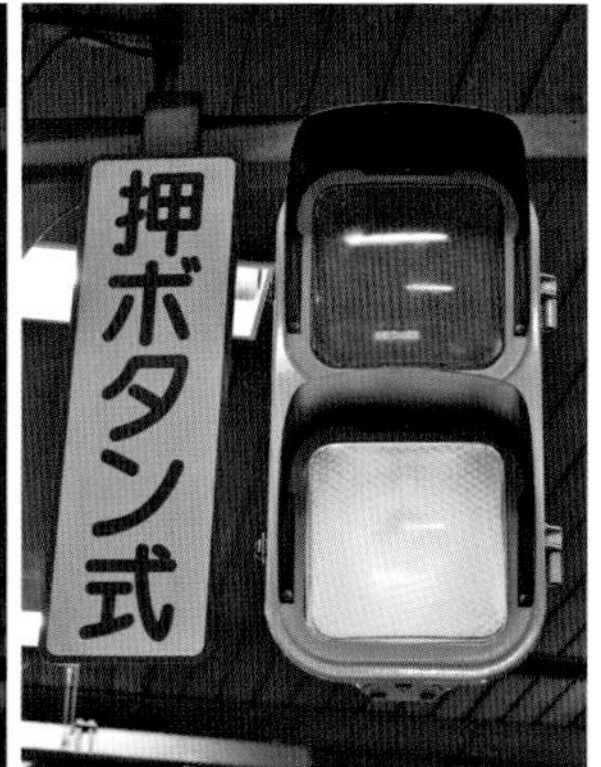

バスターミナル内の乗り場を結ぶ横断歩道に設置された歩行者用信号機。形状は歩灯そのものであるが、レンズに人型が描かれていない。

横断歩道の全景。青が点滅して赤に切り替わると、遮断器も下りて渡れなくなる。

ト灯器は庇がないものが主流となりつつあり、庇がない信号機も見慣れてきつつあるが、電球式灯器世代で庇がない信号機は極めて珍しい（破損等を除く）。

さらにバスターミナルの出口側にもバス専用の信号機がそれぞれのレーンにあり、こちらも歩行者用信号機を利用した特殊な表示の信号機となっている。赤×と黄の直進矢印が点灯するようになっており、その表示の通り、赤×では止まれ、黄矢印でバスは直進（進行）できる。路面電車等ではよく見る表示である。

なお、このバスターミナルは北海道新幹線関連の工事により２０２３（令和５）年10月に閉鎖されてしまい、現在は見ることができない。地元の名物灯器であり、頻繁に目にしたため、なくなったのは非常に寂しい限りである。また、地元から北海道内の他都市へ出かける際にこのバスターミナルを利用していた身としても、なくなってしまったのは時代の流れを感じる。

ターミナル内のバス用の信号機は、従来の電球式の３灯式信号機なのに庇がない。屋内で日差しや雨雪の影響を受けないためと思われる。

バスがターミナルから公道に出る部分に設置された信号機。歩灯の形状をしていて、上が赤×、下が黄矢印に点灯する。

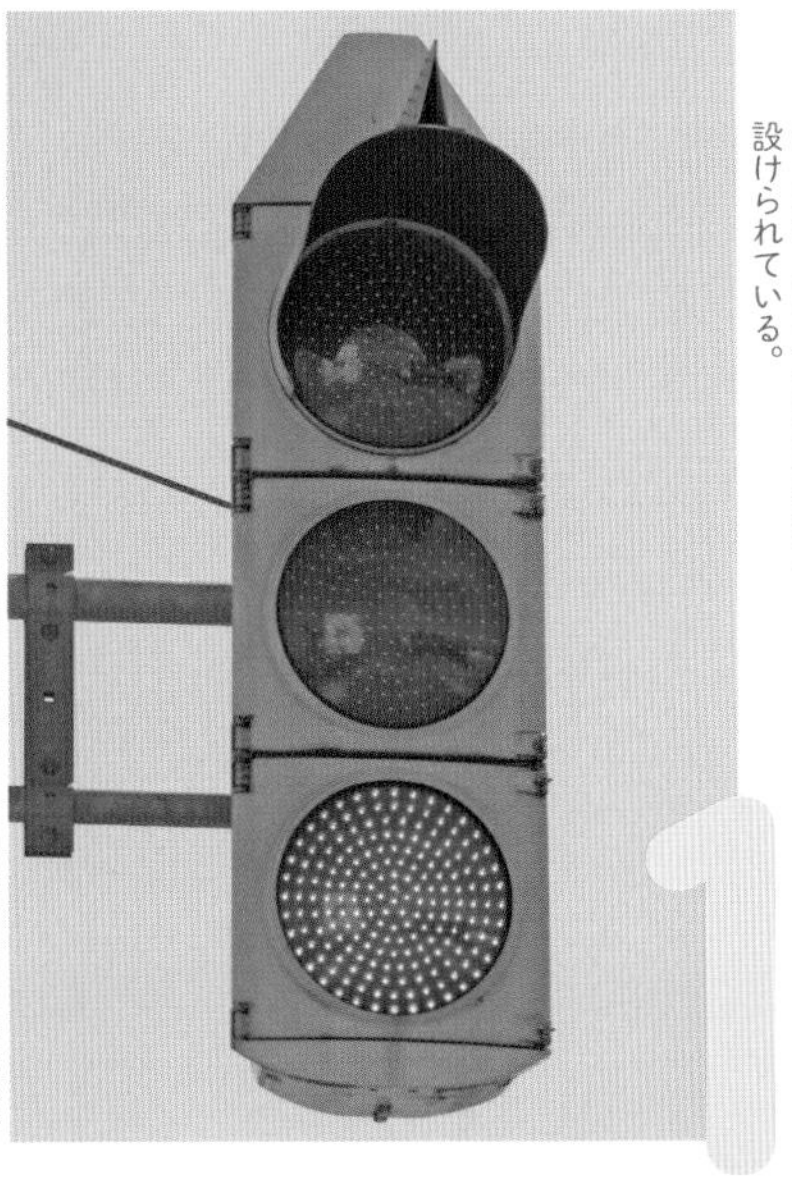

❶積雪地帯の標準ともいえる縦型の3灯式信号機で、3灯ともLEDを使用する。灯器の上には台形の屋根、そして赤のみに付く庇の上にも三角形の突起が設けられている。

14

新潟県にあった赤だけ庇がある灯器

場所 新潟県十日町市河内町

新潟県にかつてあった変わった灯器である。この交差点には、特徴的な灯器が2種類あった。まず1種類目が写真1のもので、赤だけ庇があり、黄・青は庇がない灯器である。なお、こちらは青・黄・赤すべてLEDとなっている。13の札幌駅バスターミナルの庇のない灯器もインパクトがあったが、この灯器のように赤だけ庇があるのもアンバランスで違和感がある。

ほかの特徴としては、灯器の上に台形の屋根のようなものが付いていて、雪を物理的に落とす工夫をしている。さらに赤の庇の上にも赤い尖った突起が付けられ、雪を落とす工夫がされている。LED灯器はほとんど発熱しないため、豪雪地帯ではそれまでの電球式では電球の熱で溶けていた雪が着雪・積雪してしまうことに悩まされており、そ

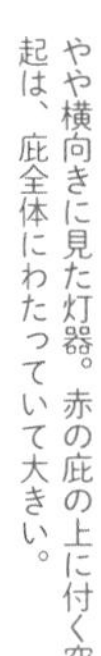

やや横向きに見た灯器。赤の庇の上に付く突起は、庇全体にわたっていて大きい。

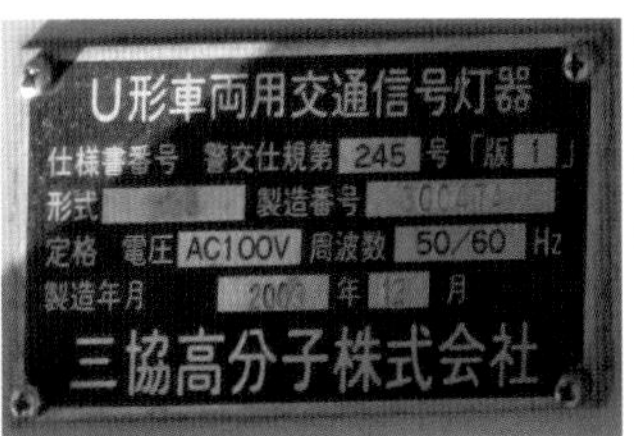

銘板には三協高分子、2003年12月製とある。まだ新しいが、試験が済んだのか更新されてしまった。

交差点全景。奥の青く点灯しているのが本体のみ台形の屋根があるもの、手前の背面が庇の上にも突起があるもの。交差する道路の灯器は通常のものだった。

の試行錯誤の一品として設置されたと思われる。

　もう1種類は写真2のもので、こちらも1種類目と似たものではあるが、こちらは赤だけ電球式となっており、1種類目で付いていた庇の上の突起は取り付けられていない。こちらはさらに試行錯誤して、赤だけ電球式にしてみてはどうかという試験をしていると考えられる。

　この2種類の貴重な試作品があった十日町市は新潟県の中でも雪が多い地域であり、このような灯器を試験するにはもってこいの場所だったのかもしれない。2種類とも三協高分子製で、同社は新潟県内ではほとんど設置が確認されていない点でも珍しかった。

U形車両用交通信号灯器

仕様書番号　警交仕規第245号「版1」

形式　　製造番号

定格　電圧AC100V　周波数50/60Hz

製造年月　　年　月

三協高分子株式会社

銘板はこちらも三協高分子、2003年12月製とある。製造番号も2番違いであった。

❷こちらは青はLEDだが、赤のみ電球式の縦型3灯式信号機。灯器の上には台形の屋根が付いているが、赤は電球の熱で溶けると見込んでか、庇の上の突起はない。左はやや横向きに見た灯器。赤の庇の上には突起がない。効果の違いはどうだったのだろうか？

15 新潟県にあったギラギラした庇

場所 新潟県小千谷市（山本交差点）

新潟県にかつてあった、庇がギラギラ輝いている灯器である。この灯器自体は、平成一桁年の小糸製の鉄製灯器で、通常の灯器となんら違いはないが、なぜか庇に鏡面加工のような処理が施されており、設置されてかなりの年数が経っていた撮影当時（2016〈平成28〉年）でも、庇は非常にきれいな銀色に輝いていた。

ほかにこのような設置例を見たことがないため、設置理由等の詳細は不明であるが、新潟県という豪雪地帯ということを鑑みると、おそらく積雪・着雪等に対する対策ではと考えられる。しかし雪対策であれば、なぜ庇裏も鏡面加工されているのかは謎だ。

また庇の長さが赤↓黄↓青とだんだん短くなっており、これも積雪の対策と思われる。非常に目を引く灯器で交差点に2基設置されていたが、残念ながら撤去されてしまった。

正面から見た灯器。庇の内側にレンズの色が写り込んでいる。

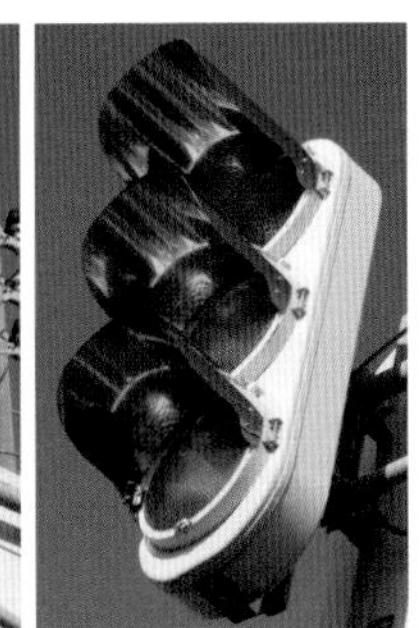

側面寄りに見た灯器。庇は表面も裏面も、どちらも鏡面加工のように光り輝いている。

背面にある灯器は通常の庇。見比べると、右側のものだけギラギラしているのがよく分かる。

交差点の全景。手前のカメラ側を向いている灯器のほか、分かりにくいが対岸の反対側を向いた灯器にもギラギラした庇が付く。

16 岐阜県にあったデザイン信号機

場所

岐阜県岐阜市高野町６丁目
（文化センター前交差点）

岐阜県は現在、ＬＥＤ化が全国でもトップクラスに進んでおり、電球式信号機自体が数％レベルでしか残っていない。そのため、特徴的な信号灯器はほとんどなくなってしまい、現在となっては大変失礼ながら、信号機マニアの人気がない信号機探索地のひとつである。

そんな岐阜県ではあるが、かつては特徴的な信号機もいくつか設置されていた。その中でも名物のひとつだったのが、岐阜市街地を中心に設置されていた、信号機を設置するアームと一体になった箱に灯器を格納し、レンズ・蓋・庇だけ表に出るようにした斬新なデザイン信号機だ。見た感じは真四角な灯器のように見え、さながら角型のようである。

岐阜市の岐阜駅北側のエリアのほか各務原（かかみがはら）市などでも設置が確認されていたが、現在は薄型ＬＥＤ等に更新されている。灯器を格納していた前面の箱は撤去されたが、アームや背面の箱などはそのまま残して交換されたため、箱に薄型ＬＥＤ灯器が入った面白い設置方法になっている。

デザインされたアームから伸びた専用の箱に収まる信号機。

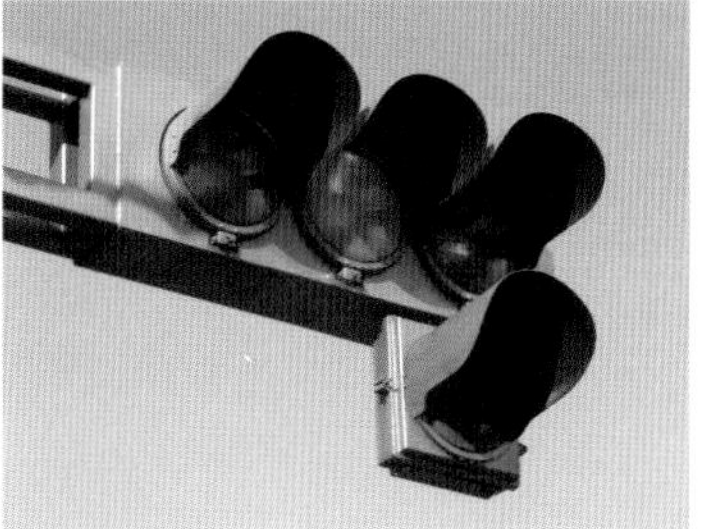
斜めから見るとレンズの部分がくり抜かれていて、内側に通常の灯器が収まる構造が分かる。

背面も箱状になっている。灯器本体を中に収めるため銘板は見えない。

交差点の全景。いわば目抜き通りに設けられ、電線の地中化と合わせて景観を良くしようとしたようだ。

薄型ＬＥＤに交換された現在の信号機。アームと背面の箱は残され、ユニークな設置方法となった。

下呂市にあった450㎜レンズの灯器。単体では通常の信号機とのサイズの違いは分かりにくいが、現物を見ればその差は一目瞭然。

岐阜県名物だった450㎜灯器

場所 岐阜県下呂市東上田（下呂温泉北口交差点）

岐阜県ではかつて、主要国道など片側2車線以上の交通量が多く、道幅の広い大きな交差点でレンズの直径が450㎜の大きな灯器を設置し、信号灯器が目立つよう工夫していた。この450㎜灯器は群馬県、長野県、大阪府等の大きな交差点でもいくつか設置されたが、岐阜県は設置数が非常に多く、かつては日本一だったらしい。

450㎜灯器自体サイズが大きく、高価であったこともあり、全国各地で採用されたわけでもなく、ほとんど見られない都道府県も多かった（高速道路上のトンネル用信号機等を除く）。

岐阜県はLED信号機の採用・増加が非常に早かったため、450㎜灯器も淘汰されていくのが早く、ほとんどが撤去されてしまった。LED信号機は視認性が高いため、レンズの直径が300㎜ないし250㎜でも広い交差点においても視認性は十分確保されていると考えられたのだろう。

下呂市のこの交差点は国道41号に設けられた片側1車線の交差点で、トンネルを出てすぐに交差点があるので注意喚起の意味もあって450㎜灯器が採用されたと思われる。反対側は300㎜の灯器となっており、大きさの差が一目瞭然である。

撮影した2017（平成29）年10月時点で、450

背面にある300㎜灯器との合わせて撮ると、いかに大きいかが分かる。

レンズ径300㎜の信号機までは同じサイズの筐体を使用するため、450㎜の灯器はずば抜けて大きい。

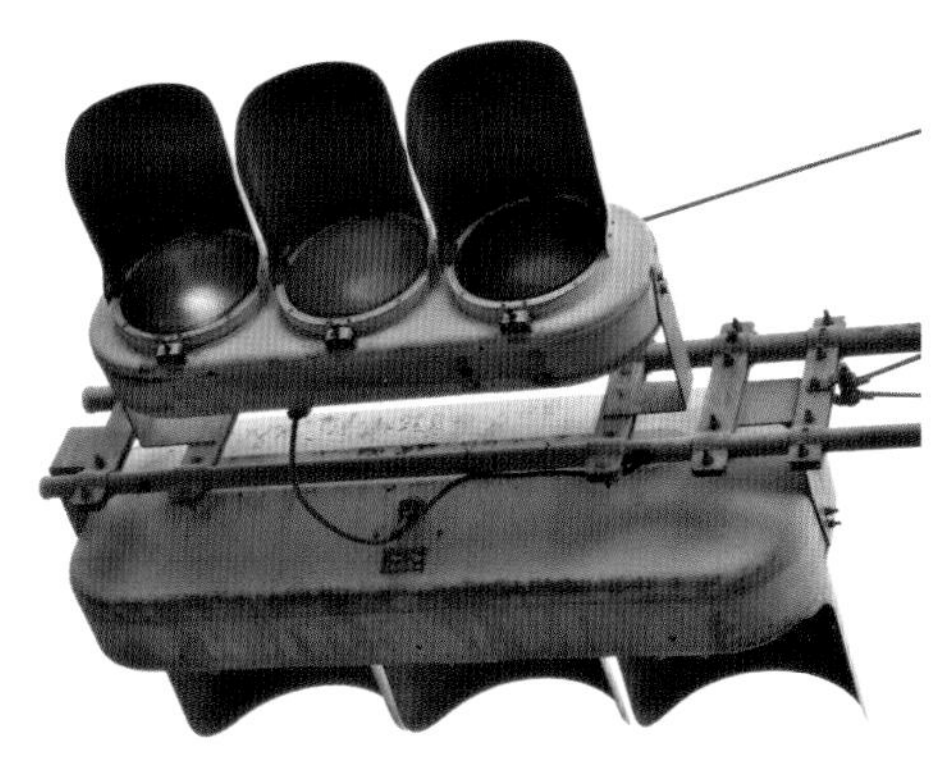

交差点の全景。トンネルを抜け、高架の先に信号機がある視認性の悪い交差点のため、よく目立つ大きな灯器で注意喚起を促したのだろう。

㎜灯器が残存していたのは下呂市のこの1カ所のみだった。当時筆者は未撮影で、更新は時間の問題と考えられたため下呂市へ直行。下呂市は名古屋市から110㎞ほどあり、筆者も岐阜市より北、富山市より南のエリアは当時未踏の地であった。

前日に美濃加茂市のネットカフェに泊まり早朝に下呂へ向かい、この450㎜灯器を撮影してすぐ名古屋市方面へ引き返すという弾丸探索を決行した。下呂市といえば温泉地として名高いが、温泉も入らず、信号機だけ撮影してすぐ引き返す人間は稀有なものだろう。

18 和歌山の矢印組み込み灯器

場所 和歌山県和歌山市和歌浦中３丁目４

和歌山市にかつてあった、青の位置に左矢印が組み込まれていた灯器を紹介する。この交差点は丁字路というよりは、左カーブする主道路に右から道路が交差するような形の交差点となっている。この矢印組み込み灯器がある側は右折は禁止で左折しかできない。それを強調するためか青の代わりに左矢印が組み込まれ、青点灯ではなく左矢印が点灯するサイクルとなっていた（写真❶）。

2020（令和2）年9月までは小糸のアルミ製の電球式灯器だった。同年10月初め頃に更新されたが、なんと矢印・黄・赤の配列がLEDでも引き継がれた！しかもこの交差点に2基あった矢印組込のうち、1基は小糸製のレンズユニットタイプのLED（写真❷に）、もう1基は京三製のプロジェクタータイプのLED（写真❸）という、どちらも比較的珍しいタイプとなった。

やや前の世代のLED灯器に更新されたので、おそらく中古品を持ってこられたものと思われる。わざわざ中古のLEDを改造して矢印・黄・赤配列にすること自体が稀なことだ。ただ、この灯器は当初から3灯の下に左矢印がカバーを掛けてスタンバイした上で設置されており、おそらく一瞬でなくなるであろうことは

❶2020年９月まで使用されていた電球式時代の灯器。青のレンズが入る部分に左矢印が組み込まれていた。

電球式時代の交差点全景。手前側と奥側の両方に、青レンズの位置に左矢印が組み込まれた灯器が設置されていた。

2020年10月に更新された交差点の全景。手前が小糸製のレンズユニットタイプ、奥が京三製のプロジェクタータイプ。どちらもわずか1カ月弱の運用だった。

想像に難くなかった。

2020年10月4日頃、この灯器の情報を手に入れた筆者は1週間後の11日に和歌山市に撮影に出向いた。無事撮影できたが、10月末にはサイクルが変更され、左矢印の位置は通常のLED素子（点灯しないため色は不明）に戻されたとのことだったので、必死に和歌山へ急いだ結果、期間限定の運用を滑り込みで撮影できた。なお現在は交差点すべてが三協製の低コスト灯器に更新された。

❷2020年10月に更新された小糸製のレンズユニットタイプのLED灯器。青レンズの位置にはLEDの矢印が組み込まれているが、下には通常の左矢印が準備されていた。

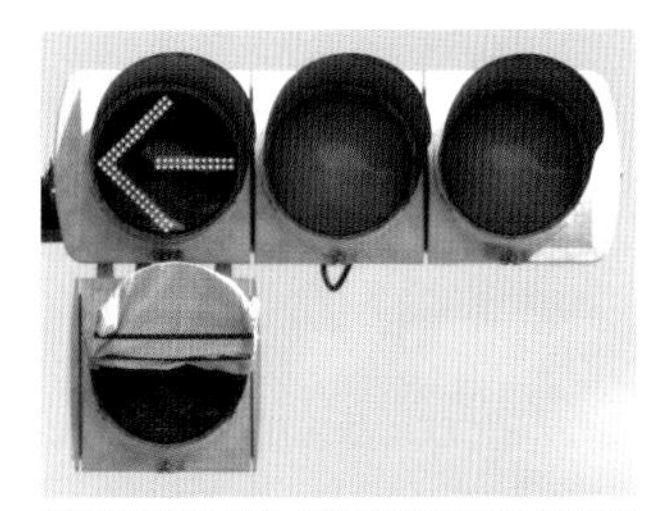

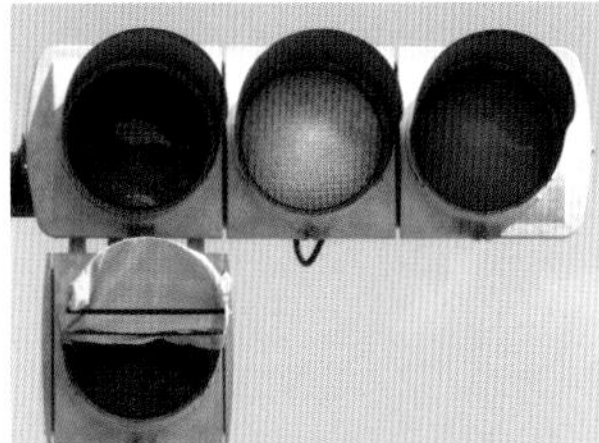

❸もう一つの信号機は、京三製のプロジェクタータイプのLED灯器に更新された。こちらも青レンズの位置に矢印が組み込まれているが、同様に下に左矢印が準備されていた。

高知市にあったオリジナルデザイン灯器

場所 高知県高知市梅の辻

かつて全国各地の観光名所や中心市街地等において、景観に配慮して、通常の信号機とは異なるお洒落な形状をしたオリジナルデザイン灯器が特注で設置されていた。そのほとんどは電球式灯器の世代であり、LED灯器に交換される際に通常のものへ交換されてしまい、全国的にもかなり数を減らしている。

ここで紹介するオリジナルデザイン灯器は、高知市のはりまや橋に程近い、潮江橋付近の路面電車も走る交差点に2015（平成27）年3月まであった。まず車両用の灯器は茶塗装かつ六角形の、すっきりしたきれいなデザインとなっている。小糸製の鉄製灯器で、世代でいえば1981（昭和56）年製とオリジナルデザイン灯器の中でもなかなか古く、2015年当時ではかなり珍しい年代のものだった。

加えて、1基だけ青のみ制限庇となったものもあった。これは、この信号機より手前にも信号交差点があるため、手前からはこの信号機の青が見えないように誤認防止のため青だけ制限庇となっている。青だけ制限庇となった灯器自体はさほど珍しくはないが、青だけ制限庇で、かつオリジナルデザイン灯器となると当

潮江橋の交差点に設けられたオリジナルデザイン灯器。両側が突き出た六角形で、茶色く塗装されていた。

信号機を支える電柱もオリジナルデザインで、アームから吊り下げる形で設置されていた。

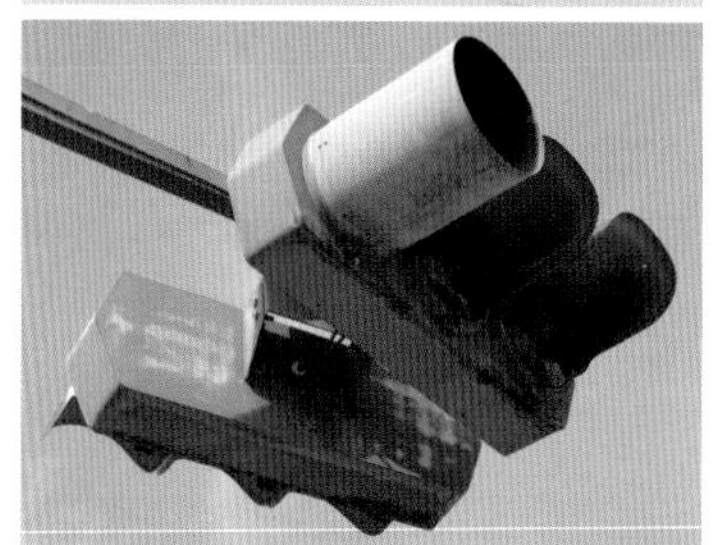

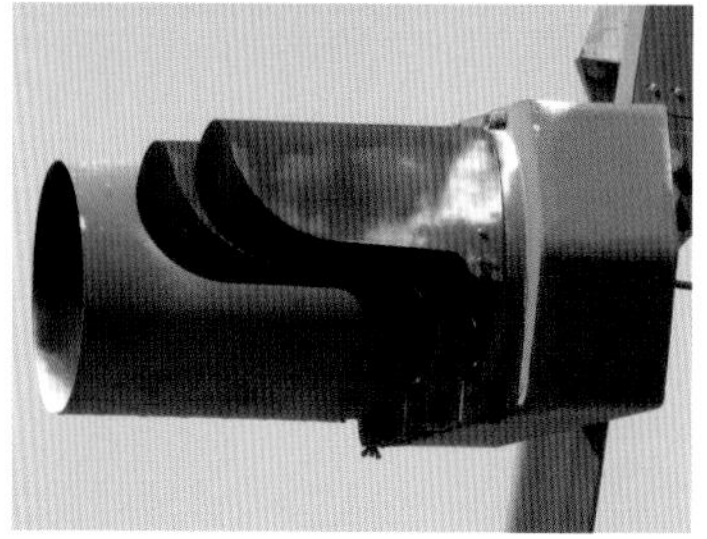

灯器のうち１灯のみは青に長い制限庇が設けられていた。オリジナルデザイン灯器で制限庇が付くものは珍しい。

時からかなり珍しいものであった。歩灯もオリジナルデザイン灯器で五角形となっていた。

　筆者は2015年3月23日にこの交差点を訪れたが、なんとちょうど工事の真っ最中だった。まだ何枚かしか撮影していないうちに突然このデザイン灯器は消灯！　この信号機が四国へ来た主目的のひとつだった筆者にとっては半泣きの案件である。

　ただ撤去自体はまだ先だったらしく、施工業者の方に確認すると午後3時頃には再度点灯するとのこと。一度この信号機から離れて、他の信号機を撮影してまた戻ってきた。午後3時に戻ってくると無事点灯しており、なんとか各色の点灯時の写真を撮影することができた。

　おそらくは自分が撮影した数日後にはもうこれらのオリジナルデザイン灯器すべてが更新されたと思われるので、本当に滑り込みだった。この遠征の際は四国4県すべてを回っており、高知県を一番最初にしていたが、最後に持ってきていたら絶対に間に合わず涙したはずの案件である。


歩行者用信号機は、下側のみ突き出した五角形。

交差点の全景。正面の灯器が制限庇付きのもの。道路の中央にはとさでん交通（路面電車）の軌道が敷設されている。

到着したらまさかの工事中！「信号機工事中」の看板があり、撮影中にすべて消灯してしまった。

COLUMN

信号機撮影はお早めに！

信号機撮影をするために全国各地へ旅行に出かけていると、ちょっとした事件が起きるものだ。例えば珍しい信号機、特に古い信号機等は新しいLED信号機への更新が激しいため、ストリートビューや最近その信号機を見に行った他の信号機マニアの情報を事前に得ていても、実際に行って「なかった」ということは結構頻繁にある。

ほかの場所でもまだ見られるような、そこまで珍しくない信号機ネタであれば心の傷は浅いが、もうそこにしかない信号機や、その撮影行のメインとなる信号機がなくなっていると、絶望に打ちひしがれることになる。

そのため、どうしても見たい珍しい信号機は発見したらすぐに行くようにしているものの、見たい信号機は全国各地に多数あり、なかなか網羅できずにいて、見られないうちに撤去されてしまうこともよくある。

行って「なかった」北千住事件

2015（平成27）年3月28日の話。当時、北千住駅から1㎞ほど離れた足立区の住宅街の交差点に、非常に古い世代の角型1灯式灯器が残っていた。これは日本信号製で、色が濃いタイプの赤レンズを装着していた。このタイプは製造年月がかなり古く、全国的にも山梨県大月市に1カ所あるのみで、都内からは既に絶滅していると思われていた大変貴重なものだった。

twitterで情報を得て、3月末に関東へ行った際に撮影しに行く計画を立てた。東京都に降り立ったのは3月27日。ここで話は大幅に逸れるが、筆者は大のＡＫＢ48ファンで、握手会やイベントに頻繁に参加していた。

この日は午前中に新橋で、ＡＫＢ48の推しメンが出演しているテレビ番組の出待ちをした後、午後からさいたまスーパーアリーナで開催されていた握手会に参加した。その出待ちと握手会の間にわずかな時間があり、1カ所程度なら信号機ネタを見に行けそうだった。

そこで北千住の信号機に行くことも検討したが、次の日の午前中は信号機撮影に時間を空けていたこと。また北千住の角型1灯式灯器は駅から遠く、当日は暑かったため、汗だくで握手会に参加することを嫌ったこと等から翌日に行くこととし、さいたまスーパーアリーナの最寄から一駅隣の大宮駅付近の信号機を軽く撮っただけで、その後は握手会会場へ向かった。

しかし、これが誤りだった……。この日、twitterのフォロワーで友人の信号機マニアが奇しくもこの信号機を見に行き、「まだあったが、ポールが新しく立っていて更新されそう」という旨のツイートをしていたのを見逃していた！

次の日の午前中、満を持して今回の旅行の〝信号機において〟の主目的であった北千住の角型赤1灯式の交差点に到着すると、顔面蒼白。ない、ない、ない、ない……。おそらく3月27日に友人が訪問した後、筆者が3月28日の午前中に訪問する前までの丸1日の間に撤去されてしまったようだ。いわゆる「タッチの差」というやつである。

悔やんでも悔やみきれない痛恨のミスだけに、思わず現場にしゃがみこんでしまった。周りから見ると不審者そのものである。「仕事と私、どっちが大事なの？」は定番の質問だが、「AKBと信号機、どっちが大事なの？」この2択を迫られる人間はそうはいまい。

この日以来、どうしても見たい信号機ネタは1日でも早く、なるべく旅程の一番最初に行くようにしている。ちなみにこの日は朝に茨城県龍ケ崎市の角型赤1灯（こちらも貴重だった）も見に行ったが、こちらも撤去済みで、メインのネタが2つとも撤去という絶望に打ちひしがれる日となった。

丹羽拳士朗
（にわ・けんしろう）

1996（平成8）年生まれ、北海道札幌市出身、北海道在住。北海道大学大学院修了。

小学校6年生のときに自分が撮影した信号機の写真を掲載したホームページ「Let's enjoy signal!!」を開設し、2023（令和5）年で15周年。

2017（平成29）年9月には沖縄県で信号機撮影を行い、これをもって47都道府県すべてで信号機を撮影したことになる。基本的には宿泊はネットカフェ、飛行機はLCCを利用している。これまでに飛行機に212回搭乗・新幹線に122回、夜行バスに34回乗車し、ネットカフェに198泊宿泊。また47都道府県、491市165町14村（22の特別区）で信号機を撮影済みで、北海道外への遠征を125回行っている（すべて2023年末現在）。

著書に『ヘンな信号機』(イカロス出版)。

編集 ◉ 林 要介
ブックデザイン ◉ 天池 聖（drnco.）
校正 ◉ 武田元秀
取材協力 ◉ コイト電工株式会社

信号機の世界

2024年７月20日　初版第１刷発行

著　者　丹羽拳士朗

発行人　山手章弘
発行所　イカロス出版株式会社
〒101-0051　東京都千代田区神田神保町1-105
contact@ikaros.jp（内容に関するお問合せ）
sales@ikaros.co.jp（乱丁・落丁、書店・取次様からのお問合せ）

印刷・製本　日経印刷株式会社

Printed in Japan　ISBN978-4-8022-1469-8